石油安全作业职工培训系列教材

# 石油天然气作业硫化氢安全防护

西南石油局、分公司硫化氢教材编写组　编著

中国石化出版社

**图书在版编目(CIP)数据**

石油天然气作业硫化氢安全防护／西南石油局、分公司
硫化氢教材编写组编著. —北京：中国石化出版社，2016.2
ISBN 978－7－5114－3826－3

Ⅰ.①石… Ⅱ.①西… Ⅲ.①油气钻井－硫化氢－防护
Ⅳ.①TE28

中国版本图书馆 CIP 数据核字(2016)第 022743 号

**中国石化出版社出版发行**

地址:北京市东城区安定门外大街 58 号
邮编:100011 电话:(010)84271850
读者服务部电话:(010)84289974
http://www.sinopec-press.com
E-mail:press@sinopec.com
北京柏力行彩印有限公司印刷
全国各地新华书店经销

\*

850×1168 毫米 32 开本 8.125 印张 204 千字
2016 年 3 月第 1 版 2016 年 3 月第 1 次印刷
定价:32.00 元

# 《石油天然气作业硫化氢安全防护》
# 编审委员会

# 前言

## PREFACE

在我国已开发的油气田中均不同程度含有硫化氢，有的地区含量极高，一直威胁着油气生产单位及周围人民群众的生命和财产安全，干扰着油气生产的正常进行。因此，加强每位员工的硫化氢防护教育，增强对硫化氢危害性的认识，提高预防和应对硫化氢的能力势在必行，硫化氢防护成为油气生产管理培训的必要内容。

为配合中国石油化工集团公司硫化氢防护培训工作，西南石油局培训中心组织了多年从事硫化氢防护工作的专家和有关教师，依据中华人民共和国石油天然气 SY/T 5087—2005、SY 6137—2012、SY/T 6610—2005、SY/T 6277—2005 等行业标准以及国标 GBZ/T 259—2014，结合原有的培训讲义和硫化氢防护工作的实际需要，编写了《石油天然气作业硫化氢安全防护》一书，该书从硫化氢防护的基本理论出发，突出硫化氢防护的重点，有理论，有实践，注重体现标准的严肃性和权威性，力求知识的完整性和实用性。

本书旨在为油气生产单位职工提供一本学习硫化氢防护知识的教材，也可作为有关工程技术人员的参考书。

全书由西南石油局培训中心组织编写，其中第一章由杨镰菠、罗裕强编写，第二章由卢永、李富波编写，第三章由刘琳、杨琴编写，第四章第一节由唐宇祥、罗裕强编写，第四章第二节由刘殷韬、杨睿、谢和涛编写，第四章第三节由刘琳、龚科、孙天礼编写，第四章第四节由郭立存、任聪编写，第五章由刘琳编写，案例分析由杨雷、文彦、覃华政编写，全书由杨雷、李富波、卢永统稿并完成修订。

在教材编写过程中，得到了中国石油化工集团西南油气田有关领导和专家的指导和帮助，硫化氢教材审核组专家对教材进行了审核，在此表示衷心感谢。

因编者水平有限，加之硫化氢防护涉及面广，技术性强，虽经编者多方努力，错误和不妥之处在所难免，敬请广大读者、专家提出宝贵意见。

# 目 录

CONTENTS

# 第一章　硫化氢的基础知识

硫化氢($H_2S$)是一种无色、剧毒、可燃、具有典型臭鸡蛋味、比空气略重的酸性气体，在油气田的钻井、采油气、含硫油气输送、气体净化、污水处理等过程中，可能遇到 $H_2S$。$H_2S$ 对人、设备设施、环境可能造成危害，认识 $H_2S$ 的基本特性，掌握防范 $H_2S$ 的措施方法是非常必要的。

## 第一节　硫化氢的特性

$H_2S$ 的特性主要含其理化特性、形成机理、接触机会、传播特征和 $H_2S$ 的危害等方面，下面主要从这几个方面进行介绍。

### 一、硫化氢的物理化学性质

一般情况下，对气体的了解和认识，是通过其颜色、气味、密度、可燃性、爆炸极限、沸点熔点以及可溶性 7 个方面进行了解和认识，对 $H_2S$ 的了解和认识，也同样按这 7 个方面进行介绍。

1. 颜色

$H_2S$ 是无色(透明的)、剧毒的酸性气体，危险类别属甲类。因为无色，人的肉眼无法看见，这就意味着用眼睛无法判断其是否存在。因此，$H_2S$ 气体就变得非常的危险。

2. 气味

$H_2S$ 气体具有典型的臭鸡蛋气味，在低浓度(0.13 ~

4.6ppm)时，我们可以闻到其臭鸡蛋气味而感知到 $H_2S$ 的存在。但应该注意的是，即使在低浓度的 $H_2S$ 环境中，人们因长时间接触，使嗅觉神经被损伤，将导致嗅觉灵敏度减弱；当处于高浓度［超过 $150mg/m^3$（100ppm）］$H_2S$ 环境时，人的嗅觉神经会因为麻痹、钝化快速失去知觉，反而闻不到 $H_2S$ 的气味。所以，应该注意的是：此时并不说明没有 $H_2S$ 存在，而是因人的感官损伤后无法再嗅出 $H_2S$ 的气味而已。因此，在作业现场，不能依靠嗅觉是否闻到 $H_2S$ 的气味来判断 $H_2S$ 是否存在，更不能依靠闻到臭味的浓烈程度来判断 $H_2S$ 的危险程度。用鼻子作为检测 $H_2S$ 是否存在的检测方式，是非常危险的。

3. 密度

$H_2S$ 的相对分子质量是 34.08，15℃（59°F）、0.10133MPa（1atm）下蒸汽密度（相对密度）为 1.189，比空气略重。因此，它极易在地势低凹处如"下水道、地下室、钻井方井"等地方发生聚集。

4. 可燃性

$H_2S$ 气体具有可燃性，自燃温度（燃点）为 260℃（500°F），完全燃烧时火焰呈蓝色，并生成二氧化硫（$SO_2$）气体，其反应方程式为：

$$2H_2S + 3O_2 \xlongequal{\phantom{xx}} 2SO_2 \uparrow + 2H_2O$$

$SO_2$ 气体同样有毒，会损伤人的眼睛和肺。

若空气不足或温度较低时，$H_2S$ 与氧气（$O_2$）反应后则生成游离态的单质硫（S），其反应方程式为：

$$2H_2S + O_2 \xlongequal{\phantom{xx}} 2S \downarrow + 2H_2O$$

5. 爆炸极限

当 $H_2S$ 气体以适当的比例与空气或 $O_2$ 混合，点燃后就会发生爆炸。$H_2S$ 气体的爆炸极限为 4.3% ~ 46%（空气中 $H_2S$ 蒸气体积分数）。

6. 沸点、熔点

液态 $H_2S$ 的沸点、熔点都很低。因此，我们通常看到的是气态的 $H_2S$，其沸点为 $-60.2℃$（$-76.4\ ℉$），熔点为 $-82.9℃$（$-117.2\ ℉$）。

7. 可溶性

$H_2S$ 气体可溶于水、乙醇、石油溶剂和原油中。1 个大气压下、20℃时，1 体积的水可溶解 2.9 体积的 $H_2S$ 气体，$H_2S$ 气体的水溶液就是氢硫酸。

氢硫酸比 $H_2S$ 气体具有更强的还原性，易被空气氧化而析出单质硫（S），使溶液变混浊。在酸性溶液中，$H_2S$ 能使 $Fe^{+3}\rightarrow$ $Fe^{+2}$，$Br_2\rightarrow Br^-$，$I_2\rightarrow I^-$，$MnO_4^-\rightarrow Mn^{2+}$，$HNO_3\rightarrow NO_2$，而它本身通常被氧化为单质硫（S）；当氧化剂过量很多时，$H_2S$ 还能被氧化为 $SO_4^{2-}$，有微量水存在的 $H_2S$ 能使 $SO_2$ 还原 S，反应方程式为：

$$2H_2S + SO_2 = 3S\downarrow + 2H_2O$$

$H_2S$ 气体能在液体中溶解，这就意味着它能存在于某些存放液体（包括水、油、乳液和污水）的容器中。但其溶解度随温度升高、压力降低而下降。只要条件适当，轻轻地振动含有 $H_2S$ 的液体，就可使 $H_2S$ 气体挥发到大气中。

## 二、硫化氢的形成机理

地层中 $H_2S$ 的形成，与石膏的存在、温度、地层厚度及地层孔隙度、天然气组分等因素有关。温度大于 130℃，地层厚度大，空隙发育，天然气是干气的情况下容易形成 $H_2S$。

关于 $H_2S$ 的形成机理，国内外有许多研究成果。归纳起来，目前提出的 $H_2S$ 成因主要有以下三大类型：生物化学成因、热化学成因及岩浆成因（图 1-1）。

1. 生物化学成因

（1）生物体的代谢产物和降解产物

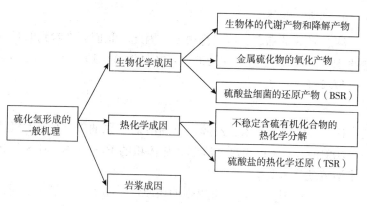

图 1-1　$H_2S$ 成因分类图

　　生物体内普遍含硫。他们的代谢产物和降解产物中，有脂肪族含硫化合物（如硫醇），有芳香族含硫化合物（磺酸），有含硫的氨基酸（蛋氨酸，胱氨酸、半胱氨酸），还有 $H_2S$ 和 S。当生物死亡时，生物体内的 S 和含硫有机化合物与沉积物一起被埋入地下，进一步接受水解、氧化、细菌降解等各种复杂的化学和生化作用的改造，并伴有 $H_2S$ 的生成，由于这些过程一般发生在地表或浅层沉积物中，因此 $H_2S$ 难以保存下来。而能够保存的含硫有机化合物、硫酸盐和硫，则为以后的 $H_2S$ 的形成准备了物质条件。

　　（2）金属硫化物的氧化产物

　　当沉积岩中的金属硫化物处于氧化条件下时，游离氧、硫酸和某些硫酸盐都可以成为它的氧化剂：

$$2FeS_2 + 7O_2 + 2H_2O \rightarrow 2FeSO_4 + H_2SO_4$$
$$MeS + H_2SO_4 \rightarrow H_2S + MeSO_4$$
$$（Me = Cu、Fe、Zn、Pb）$$
$$FeS_2 + Fe_2(SO_4)_3 \rightarrow 3FeSO_4 + 2S$$

　　在硫化物的氧化和硫酸盐、$H_2S$、S 的形成过程中，细菌起着重大作用。实验证明，在细菌参加下，黄铁矿和黄铜矿的氧化速度，要比纯化学氧化快得多。这种氧化反应只能发生在上升剥蚀区的风化带和该带物源供给区的沉积岩氧化带。因此，所形成

的 $H_2S$ 很快会被消耗，无法保存下来。而硫酸盐和硫却可保存下来，成为以后地层中 $H_2S$ 形成的一种物源。

（3）硫酸盐的还原产物（BSR）

硫酸盐以及油田水中的 $SO_4^{2-}$ 在厌氧条件下和有机质参与下，通过硫酸盐还原菌的生活活动，被还原为 $H_2S$：

$$C_nH_m + Na_2SO_4 \longrightarrow Na_2S + CO_2 + H_2O \xrightarrow{\text{细菌}} NaHCO_3 + H_2S\uparrow + CO_2\uparrow + H_2O$$

$$SO_4^{2-} + 8e + 10H \xrightarrow{\text{细菌}} H_2S + 4H_2O$$

自然界中的石膏、硬石膏通过还原形成碳酸钙和 $H_2S$ 就是一例：

$$CaSO_4 + 2C \longrightarrow CaS + CO_2$$
$$CaS + 2H_2O \longrightarrow Ca(OH)_2 + Ca(SH)_2$$
$$Ca(OH)_2 + Ca(SH)_2 + 2CO_2 \longrightarrow 2CaCO_3 + H_2S$$

这种还原反应，随着埋深的增加而降低，因为在温度高于70℃时，硫酸盐还原菌的活性已经降低。还因为 $H_2S$ 具有毒性，当其含量大于1%时就足以限制细菌的活动，因此硫酸盐的细菌还原作用不能在浅层油气藏中产生高浓度的 $H_2S$。由生物化学作用产生的 $H_2S$，其含量一般不超过0.1%，甚至可能低到0.01%。

2. 热化学成因

随着埋深和地温的增加，细菌作用退居次要地位。在生成 $H_2S$ 的化学反应中，起主导作用的已不是细菌，而是温度，包括不稳定含硫有机化合物的热化学分解和硫酸盐的热化学还原。这是天然气中 $H_2S$ 的最主要成因和来源。这不仅为 $H_2S$ 热化学成因的人工模拟实验所证实，而且在地层中也找到了地质证据。

（1）不稳定含硫有机化合物的热化学分解

为证实地层中热化学成因 $H_2S$ 的生成，D. J. Saxby（1973）曾用 $Fe^{2+}$ - 胱氨酸络合物做过人工成岩模拟实验。实验结果表明，温度低于100℃开始，$Fe^{2+}$ - 胱氨酸络合物中的大部分硫都可以形成金属硫化物。这些金属硫化物的生成，正是在模拟实验中，由金属－胱氨酸络合物生成的 $H_2S$ 与金属离子反应的结果。Khanh Le Tran 曾指出，当含硫有机化合物埋深到地温超过80℃时，可能由于 $C-S$ 或 $S-S$ 键发生断裂而生成 $H_2S$。例如，硫醇的热分解可能生成 $H_2S$：

$$RCH_2CH_2SH \xrightarrow{\triangle} RCH=CH_2 + H_2S\uparrow$$

但是，不同的含硫有机化合物，热分解的温度等条件是会有差别的，分解过程也比较缓慢，少数可延续相当长的时期。G. I. Amursky 等指出：$H_2S$ 含量为 0.1% ~5% 的气藏，通常是在 1700 ~2600m 的深度范围内发现的。在 2600 ~3400m 深处，大多数气田的 $H_2S$ 含量又明显的再次下降到 0.01% ~0.3%，虽然偶尔也出现百分之几的 $H_2S$ 含量。由于 $H_2S$ 是在运移和聚集过程中保存下来的，其原始生成带深度有时会受到相当明显的歪曲。

（2）硫酸盐的热化学还原反应（TSR）

硫酸盐在高温条件下（100 至 150 ~200℃）为烃类还原，也可以形成较多的 $H_2S$，甚至可能导致气藏的破坏。

Chao Yang 和 Ian Hurchen（2001）认为高温下硫酸盐和硬石膏发生的热硫酸盐还原反应是储层中高含量的 $H_2S$ 和二氧化碳（$CO_2$）的主要来源。除了 $H_2S$ 和 $CO_2$ 之外，硫酸盐的热化学还原反应（简称 TSR）的最通常的副产品是元素硫、焦沥青、方解石和白云石的胶结物。TSR 反应可以简单的归结为下面的方程式（箭头表明这个反应是一个不可逆的反应）：

$$CaSO_4 + CH_4 \xrightarrow{\triangle} CaCO_3 + H_2O + H_2S\uparrow$$

$$CH_4 + SO_4^{2-} + 2H^+ \xrightarrow{\triangle} CO_2\uparrow + 2H_2O + H_2S\uparrow$$

其中硬石膏提供硫的来源，由 TSR 反应中溶解的硬石膏而释放出的钙离子可以和烃类氧化产生的 $CO_2$ 反应，从而导致方解石的沉积。

$$CaSO_4 + CH_4 \Rightarrow CaCO_3 + H_2S + H_2O$$

应注意的是，虽然上式中是用甲烷作为反应式中的反应物，但是实际上任何烃类物质或水性的有机物都可作为反应物。当储层中存在着高活性的元素硫和多硫化合物时，在高温条件下也可将烃类氧化为含硫有机化合物并释放出 $H_2S$。世界上大多数含 $H_2S$ 的气田都集中在 3000m 深度以下，可能与这种高温还原作用有关。

### 3. 岩浆成因

岩浆活动使地壳深处的岩石熔融，产生含 $H_2S$ 的挥发成分。因为地球内部硫元素的丰度远远高于地壳，因此火山喷发物中，往往含有大量含 $H_2S$ 的气体，而且火山喷溢形成的包裹体中多数富含 $H_2S$。但是，这种火山气体中，$H_2S$ 的浓度是极不稳定的，可以很高(如那须茶臼岳和谢维乌奇火山喷出的气体，扣除水分后，$H_2S$ 含量分别占所剩气体的 37.5% 和 61%)，也可以很低，甚至没有，其含量在很大程度上取决于岩浆的成分、气体的运移等条件。

火山喷发时产生的 $H_2S$ 是无法保存下来的。但是岩浆侵入地层而未喷出地表时产生的 $H_2S$，在地层中有脱气空间、运移通道和聚集场所等条件的情况下，也有可能保存下来，形成含 $H_2S$ 气藏。

### 三、硫化氢的接触机会

$H_2S$ 通常是天然气或石油开采、加工、炼制或化工等生产过程中产生的废气，某些化学反应和蛋白质自然分解也产生 $H_2S$ 而存在于多种生产过程及自然界中。如在采矿和从矿石中提炼铜、镍、钴等，煤的低温焦化、含硫石油的开采和提炼、橡胶、人造丝、皮革、鞣革、硫化染料、甜菜制糖、动物胶等工业中都有 $H_2S$ 产生；开挖整治沼泽地、沟渠、水井、下水道、潜涵、隧道以及清除垃圾、污物、化粪池等作业也常有 $H_2S$ 存在，以及分析化学实验室工作者都有接触 $H_2S$ 的机会；天然气、矿泉水、火山喷气和矿下积水，也常伴有 $H_2S$ 存在。由于 $H_2S$ 可溶于水及油中，有时可随水或油流至远离发生源处而引起意外中毒事故。

石油钻采作业现场有许多作业环节可能接触到 $H_2S$ 气体，出现 $H_2S$ 气体的作业过程包括钻完井、井下作业、采油气、集输、脱硫作业等。

1. 钻完井作业

油气钻完井井中 $H_2S$ 的来源可归结为以下几个方面：

1）钻入含 $H_2S$ 地层，大量 $H_2S$ 通过孔隙、裂缝等通道，以及下部地层硫酸盐层中的 $H_2S$ 上窜而来，侵入井中。含硫气田多存在于碳酸盐岩—蒸发岩地层中，尤其在与碳酸盐伴生的硫酸盐沉积环境中，$H_2S$ 更为普遍；

2）热作用于油层时，石油中的有机硫化物分解产生出 $H_2S$；

3）石油中的烃类和有机质通过储集层水中的硫酸盐的高温还原作用而产生 $H_2S$；

4）某些钻井液处理剂在高温热分解作用下产生 $H_2S$。

2. 采输气（油）作业

在采输气作业中有以下一些地方可能会接触到 $H_2S$：油、水或乳化剂的储藏罐，用来分离油和水，乳化剂和水的分离器，空气干燥器，输送装置、集油罐及其管道系统，用来燃烧酸性气体的放空池和放空管汇，气体输入管线系统之前，用来提高空气压力的空气压缩机和装载场所等。

输送管道酸洗时，也可产生 $H_2S$ 气体。酸洗一个高 100ft、直径 6ft 的容器时，1lb 硫化铁可使容器内 $H_2S$ 气体的质量浓度达到 $2250mg/m^3$。在对地层的酸化或酸压时，地层中的一些含硫的矿石如硫化亚铁（FeS）与酸液接触也会产生 $H_2S$。

3. 井下作业

在修井时，$H_2S$ 主要产生场所是循环罐和油罐。这些场所存在的 $H_2S$ 气体，是由于修井时循环、自喷或抽汲，使井内作业液和地层流体进入罐中造成的，$H_2S$ 可以以气态的形式存在，也可溶解在井内的作业液中。当打开油罐的顶盖、计量孔盖和封闭油罐的通风口时，$H_2S$ 向外释放，在井口、压井液、放喷管、循环泵、管线中都可能有 $H_2S$ 气体的存在。同样地，修井时，硫酸盐产生的细菌随作业液进入到以前未被污染的地层。地层中这些细菌的增长作为它们生命循环的一部分，将从硫酸盐中产生 $H_2S$，这已经在那些未曾有过 $H_2S$ 的气田中被发现。

有的地层所含的油、气，不一定一开始就是酸性的。在注水作业时，注入作业液中的硫酸盐被细菌及微生物分解后，造成对地层的污染，能在地层中产生 $H_2S$ 气体，使 $H_2S$ 的含量增加。

**4. 脱硫作业**

在净化厂脱硫作业中溢出 $H_2S$ 的地方可能有：一些连接部位，密封处，处理装置（包括冷凝装置），排泄系统，取样区以及其他易破裂部位。处理装置是一个相当危险的地方，$H_2S$ 可以以液态留在底板上，或在容器的外壳上，或在罐体内壁的锈皮中而残留在处理装置里，对容器中液体的轻微振动或擦洗容器壁上的积垢都能使 $H_2S$ 释放出来。当进入处理装置去清洗处理塔、清除积垢或进行其他维护作业时，就可能发生 $H_2S$ 中毒的危险。

在其他作业如基地服务、社区服务等单位进行清淤作业中也经常接触到 $H_2S$。接触以上作业的人员要注意预防 $H_2S$ 中毒。

**四、硫化氢气体的传播特征**

尽管 $H_2S$ 的危害性很大，但是只要我们掌握了 $H_2S$ 气体的传播特征，防护得当，应急措施积极有效，避免灾难性事故是能够做到的。

**1. 传播特征**

$H_2S$ 气体在作业现场会顺着风向向下风向发生飘移、扩散。风越大，飘移、扩散的速度就越快，传播的距离也就越远。$H_2S$ 气体离传播中心的距离越远，其浓度越低。

雨雾天气、无风状态下，$H_2S$ 气体基本上不漂移。但由于 $H_2S$ 气体的扩散，会慢慢弥漫在整个 $H_2S$ 泄露或溢出区域。由于 $H_2S$ 气体比空气略重，它又极易在地势低凹处发生聚集。

**2. 重要提示**

在有或可能有 $H_2S$ 存在的作业场所应设置风向标（袋）。在油气生产和天然气的加工装置操作场地上，应遵循有关风向标的规定，设置风向标（袋）、彩带、旗帜或其他相应的装置以指示风向。作为指示风向的装置，风向标（袋）应该是颜色鲜艳，明显区别于周围设备；设置位置应在所有现场工作人员容易观察到的地方，如果一个风向标（袋）不足以让所有的工作人员看见，应在不同区域位置设置多个。

当听到或接到有 $H_2S$ 溢出或泄漏的警报后，首先应该辨别出风向。辨别风向的方法很多，我们可以直接由风向标（袋）来判断，还可以通过查看周围的树木或树叶的飘动方向、观察周围红旗或彩旗的飘动方向来判断；如果有烟火，也可以通过它的飘动方向来判断。

辨别好风向后，应逆着风向（往上风方向）迅速地撤离出危险区域到安全的地方。$H_2S$ 气体是顺着风向向下风向发生飘移、扩散的，又比空气要重，所以在传播过程中会下沉到靠地面较低凹的地方，因而 $H_2S$ 的浓度也就越高，上风方向和地势较高的地方也就相对较为安全。撤离时，一定要朝着地面高处跑。

即使出现了 $H_2S$ 的泄漏或溢出，也不必慌乱，在没有可供选择的安全防护设备的情况下，应屏住呼吸，再用湿毛巾折叠几层捂住口鼻后，迅速撤离到安全区域。

撤离时，若发现有人倒地或出现意外时，首先保证自身安全，在顺利逃离的情况下，及时、正确穿戴好防护器具，再行施救或等待专业人员的救护。

最好不去改动房间内各种电器开关的状态，熄灭生活用火，禁止使用明火进行照明等活动。改变电器的开关状况可能会产生电火花，使用明火等可能会导致 $H_2S$ 着火燃烧或爆炸而，引发火灾事故。

如果眼睛有灼痛或不舒服感，应在保证安全的前提下，用清洁的水来进行冲洗眼睛，这样可以减少眼睛的症状。

不要接触低洼处的水源。低洼处的水源可能溶解有大量的

$H_2S$ 气体，而 $H_2S$ 溶于水后处于一种不稳定的状态极易挥发。当我们去玩水时，$H_2S$ 气体会因为我们的搅动而释放出来，从而使人容易中毒。

### 五、硫化氢的危害

#### (一) 硫化氢的危害

##### 1. 硫化氢对人体的危害

全世界每年都有人因 $H_2S$ 中毒而死亡，$H_2S$ 中毒已成为职业中毒杀手。在我国，$H_2S$ 中毒死亡仅次于一氧化碳（CO），排在第二位。$H_2S$ 的毒性较 CO 大 $5 \sim 6$ 倍，几乎与氰化物同样剧毒。一个人对 $H_2S$ 的敏感性随其与 $H_2S$ 接触次数的增加而减弱，即第二次比第一次危险，第三次比第二次危险……，依次类推。

$H_2S$ 被吸入人体后，首先刺激呼吸道，使嗅觉钝化、咳嗽，严重时将其灼伤，最后使嗅觉失灵。其次，刺激神经系统，会出现头晕，神志模糊，肌肉痉挛，平衡丧失，呼吸困难，心跳加速，大小便失禁等症状，严重时心脏缺氧而死亡。$H_2S$ 进入人体，将与血液中的溶解氧（$O_2$）产生化学反应。当 $H_2S$ 浓度极低时，将被氧化，对人体威胁不大，而浓度较高时，将夺去血液中的 $O_2$，使人体器官缺氧而中毒，甚至死亡。如果吸入高浓度时（美国政府工业卫生专家联合会确定 300ppm 或更高的 $H_2S$ 浓度为立即危及生命和健康的暴露值），中毒者会迅速倒地，失去知觉，伴随剧烈抽搐，瞬间呼吸停止，继而心跳停止，被称为"闪电型"死亡。此外，$H_2S$ 中毒还可引起流泪、畏光、结膜充血、水肿、咳嗽等症状。中毒者也可表现为支气管炎或肺炎，严重者可出现肺水肿、喉头水肿、急性呼吸综合症，少数患者可有心肌及肝脏损害。

##### 2. 含硫化氢油气田生产中的危害

在含 $H_2S$ 油气田生产过程中，如果防护不当，$H_2S$ 在一定条件下对金属、非金属材料及钻井液造成危害。

$H_2S$ 对金属材料的腐蚀。$H_2S$ 溶于水形成湿硫化环境（在同时存在水和 $H_2S$ 的环境中，当 $H_2S$ 分压大于或等于 0.0003MPa 时，或在同时存在水和 $H_2S$ 的液态石油气中，当液相的 $H_2S$ 含量大于或等于 $10 \times 10^{-6}$ 时则称为湿 $H_2S$ 环境），钢材在湿 $H_2S$ 环境中易引发腐蚀破坏，影响油气田开发和石油加工企业正常生产，甚至会引发灾难性事故，造成重大的人员伤亡和财产损失。

$H_2S$ 加速非金属材料老化。在地面设备、井口装置、井下工具中有橡胶、浸油石墨、石棉等非金属材料制作的密封件，它们在 $H_2S$ 环境中使用一定时间后，橡胶会产生鼓泡胀大、失去弹性；浸油石墨、石棉绳上的油被溶解等而导致密封件的失效。

$H_2S$ 对钻井液的污染。$H_2S$ 主要是对水基钻井液有较大的污染，形成流不动的冻胶，颜色变为瓦灰色、墨色或墨绿色。钻井液性能发生很大变化，如密度下降、pH 值下降、黏度上升，切力增大，严重时可使固液分离，造成许多复杂情况，如卡钻、井喷、循环不通等。

### 3. 硫化氢对环境的污染

$H_2S$ 很少用于工业生产中，多为化工过程的副产品。一般作为某些化学反应和蛋白质自然分解过程的产物以及某些天然物的成分和杂质，而经常存在于多种生产过程中以及自然界中，该物质不但对环境有危害，而且污染空气和水体。

综上所述，$H_2S$ 危害性大，在油气勘探开发中要充分重视 $H_2S$ 存在的可能性，及时预防和采取必要措施，以减少 $H_2S$ 气体对作业人员、设备和环境的危害，把损失降到最低程度。

## 第二节　硫化氢相关术语及其浓度表示

为了预防和消除 $H_2S$ 可能造成的危害，作业人员除须认识

$H_2S$ 外，还应能准确地描述 $H_2S$ 存在的状况，这就需要作业人员掌握 $H_2S$ 相关术语及其浓度的表示方法。

## 一、相关术语

接触 $H_2S$ 可以使人从极微弱不舒适到死亡，接触敏感性随着接触次数的增加而减弱，接触危险性更大。在有或潜在 $H_2S$ 气体的作业场所，为了保护作业人员的生命安全，指导人们可允许的暴露程度，我国石油天然气行业相关标准，对职业性安全暴露限制的相关术语、定义，作出了明确规定和说明。

1. 阈限值[（TLV）threshold limit value]

几乎所有工作人员长期暴露都不会产生不利影响的某种有毒物质在空气中的最大浓度。$H_2S$ 的阈限值为 $15mg/m^3$（10ppm），$SO_2$ 的阈限值为 $5.4mg/m^3$（2ppm）。

2. 安全临界浓度（safety critical concentration）

工作人员在露天安全工作 8h 可接受的 $H_2S$ 最高浓度。$H_2S$ 的安全临界浓度为 $30mg/m^3$（20ppm）。行业标准同时规定，达到此浓度时，作业人员必须佩带正压式空气呼吸器。

3. 危险临界浓度（dangerous threshold limit value）

达到此浓度时，对生命和健康会产生不可逆转的或延迟性的影响。$H_2S$ 的危险临界浓度为 $150mg/m^3$（100ppm）。

4. 立即威胁生命和健康的浓度[（IDLH）immediately dangerous to life and health]

有毒、腐蚀性的、窒息性的物质在大气中的浓度，达到此浓度会立刻对生命产生威胁或对健康产生不可逆转的或延迟性的影响，或影响人员的逃生能力。$H_2S$ 的立即威胁生命和健康的浓度（IDLH）为 $450mg/m^3$（300ppm），$SO_2$ 的立即威胁生命和健康的浓度（IDLH）为 $270mg/m^3$（100ppm）。$O_2$ 含量低于 19.5% 为缺氧，$O_2$ 低于 16% 为 IDLH 浓度。

5. 硫化氢分压（hydrogen sulfide factional pressure）

在相同温度下，一定体积天然气中所含 $H_2S$ 单独占有该体积时所具有的压力。

6. 含硫化氢天然气（nature gas with hydrogen sulfide）

指天然气的总压等于或大于 0.4MPa（60psia），而且该气体中 $H_2S$ 分压等于或大于 0.0003MPa；或 $H_2S$ 含量大于 $75mg/m^3$（50ppm）的天然气。

7. 呼吸区（breathing zone）

肩部正前方直径在 15.24 ~ 22.86cm（6 ~ 9in）的半球型区域。

8. 封闭设施（enclosed facility）

一个至少有 2/3 的投影平面被密闭的三维空间，并留有足够尺寸保证人员进入。对于典型建筑物，意味着 2/3 以上的区域有墙、天花板和地板。

9. 就地庇护所（shelter in place）

是指通过让居民呆在室内直至紧急疏散人员到来或紧急情况结束，避免暴露于有毒气体或蒸气环境中的公众保护措施。

10. 危险性告知（员工知情权）

执行行业标准作业的所有员工应经常了解和掌握所在环境危险性的基本情况。业主或生产经营单位应按照相关规定，发布所发生的危险情况及危险程度和要求。

11. 公众知晓权

作业场所附近的居民对紧急情况下生产设施向环境释放有毒物质有知情权，业主或生产经营单位应按照相关规定向政府有关部门报告。

12. 危险废弃物处理

油气作业中，对某些危险废弃物品（如果有的话）的清除、处理、储存和丢弃应符合有关规范和政府法令的要求。

13. 不良通风(inadequately ventilated)

是指通风(自然或人工)无法有效地防止大量有毒或惰性气体聚集,从而形成危险。

14. 受限空间

含有已知或潜在的 $H_2S$ 危险的空间,对其进出进行严格的限制,就形成了受限空间。

15. 密闭空间

对外界相对隔离,进出口受限,自然通风不良,足够容纳一人进入并从事非常规、非连续作业的有限空间(如炉、塔、釜、罐、槽车以及管道、烟道、隧道、下水道、沟、坑、井、池、涵洞、船舱、底下仓库、储藏室、地窖、谷仓等)。

## 二、硫化氢浓度的表示及换算

$H_2S$ 的浓度,常用两种方法来表示。

一种是 ppm(即百万分之一,$1/10^6$)浓度,为体积比。意思是一百万体积的空气中含有一体积的 $H_2S$ 气体。这种方法表示的浓度数据不受温度、压力变化的影响。如便携式报警仪的测量结果,通常用 ppm 浓度表示。

另一种为 $mg/m^3$(即一立方米空气中含有多少毫克 $H_2S$ 气体)。这种表示方法的数据受温度和压力的影响较大,一般情况下,采用实验的方法来测量 $H_2S$ 的浓度时,常用 $mg/m^3$ 表示。

由于这两种浓度分别在不同地方使用,所以有必要认识其换算关系。

由气体状态方程知道,气体的体积受温度和压力的影响,在不同的温度和压力下,气体的体积是不同的。所以利用气体的气态方程,假定在标准状态下(即摄氏零度和 1 个标准大气压下,非特别说明,本书后文涉及的有关气体浓度计算均为此标准状态)来进行换算。

由 ppm 换算成 $mg/m^3$ 的公式：

$$X_1 = M \times C/22.4 \qquad (1-1)$$

式中　$C$——$H_2S$ 的百万分之几（ppm）浓度；

　　　$M$——$H_2S$ 的相对分子质量（34）。

例：10ppm 等同于 $34 \times 10/22.4 = 15.18mg/m^3$（假定标准状态下）。

由 $mg/m^3$ 换算成 ppm 的公式：

$$X_2 = A \times 22.4/M \qquad (1-2)$$

式中　$A$——$H_2S$ 的 $mg/m^3$ 浓度；

　　　$M$——$H_2S$ 的相对分子质量（34）。

例：$10mg/m^3$ 等同于 $10 \times 22.4/34 = 6.59ppm$（假定标准状态下）。

除此之外，还有很多资料中用分压来表示和描述 $H_2S$ 的浓度。

$H_2S$ 分压由天然气中 $H_2S$ 的克分子分数乘以系统总压。即

$$P_{H_2S} = P_{总} \times H_2S\% \qquad (1-3)$$

式中　$P_{H_2S}$——$H_2S$ 分压；

　　　$P_{总}$——气体总压力；

　　　$H_2S\%$——体积%浓度。

# 第三节　其他含硫物质的特性

我们知道，$H_2S$ 的燃烧产物是 $SO_2$，$SO_2$ 同样也会危害人体健康。另外，因 $H_2S$ 腐蚀而形成的主要腐蚀产物之一——硫化亚铁（FeS），其会自燃产生大量热量，并容易引发爆炸。含硫天然气组分中还含有如甲硫醇、乙硫醇、羰基硫等有机硫。因此，还需要了解和认识其他含硫物质的相关特性。

## 一、二氧化硫的物理化学性质

二氧化硫（$SO_2$），中文名又称为亚硫酸酐，是世界范围内大

气污染的主要气态污染物，是衡量污染状况的重要指标之一，为大气环境污染例行监测的必测项目。它主要来源于矿物质燃烧，含硫矿石的冶炼，制取硫酸、磷肥等。全世界 $SO_2$ 的人为排放量每年约为 1.5 亿吨，矿物燃料燃烧产生的 $SO_2$ 占 70% 以上。自然界产生的 $SO_2$ 数量很少，主要是生物腐烂生成的 $H_2S$ 在大气中氧化而成的。$SO_2$ 在大气中一般只存留几天，除被降水冲洗和地面物体吸收一部分外，都被氧化为硫酸雾和硫酸盐气溶胶。硫酸盐在大气中可存留一个星期以上，飘移至 1000km 以外，造成远离污染源处的污染或广域污染。$SO_2$ 转变成的硫酸盐气溶胶散射阳光，使能见度降低。硫酸雾和酸性硫酸盐腐蚀金属、建筑材料和其他物品，并且造成酸雨。

**1. 颜色**

$SO_2$ 在常温下为无色气体，化学分类为无机物，是有毒的酸性气体。

**2. 气味**

$SO_2$ 有硫燃烧的辛辣刺激性气味，具有窒息作用，在鼻和喉黏膜上形成亚硫酸（$H_2SO_3$）。大气中 $SO_2$ 浓度达 1~5ppm 时，会刺激呼吸道，可使气管和支气管的管腔缩小，气道阻力增大。

**3. 密度**

$SO_2$ 的相对分子质量为 64.07，相对密度为 2.264（0℃），比空气重。

**4. 可燃性**

$SO_2$ 在空气中不可燃烧，它是一种不助燃的气体，若遇高热，容器内压增大，有开裂和爆炸的危险。

$SO_2$ 可以在硫黄（S）燃烧的条件下生成：

$$S + O_2 \longrightarrow SO_2$$

$SO_2$ 也可以是 $H_2S$ 燃烧生成：

$$2H_2S + 3O_2 \longrightarrow 2H_2O + 2SO_2$$

加热硫铁矿，闪锌矿，硫化汞，能可以生成 $SO_2$：

$$4FeS_2 + 11O_2 \longrightarrow 2Fe_2O_3 + 8SO_2$$
$$2ZnS + 3O_2 \longrightarrow 2ZnO + 2SO_2$$
$$HgS + O_2 \longrightarrow Hg + SO_2$$

5. 熔点、沸点

$SO_2$ 的熔点：$-72.7℃$，沸点：$-10℃$。

6. 可溶性

$SO_2$ 易溶于水，在常温常压下，1 体积的水大约可溶解 40 体积的 $SO_2$，溶解后能生成约 10% 的饱和亚硫酸（$H_2SO_3$）的水溶液，亚硫酸是一种不稳定的弱酸，只能存于溶液中，它很不稳定，容易分解成水和 $SO_2$，故 $SO_2$ 溶于水的反应是可逆反应。

在 $338.32kPa$、$25℃$ 时溶解度 8.5%，易溶于醇类，还溶于硫酸、乙酸、氯仿和乙醚等。

另外，$SO_2$ 还是酸性氧化物：

1）能和碱反应生成盐和水：$2NaOH + SO_2 = Na_2SO_3 + H_2O$
2）能与水反应生成相应的酸：$SO_2 + H_2O \rightleftharpoons H_2SO_3$
$SO_2$ 的水溶液使紫色石蕊试液变红。

3）通过氢硫酸，（$H_2S$）溶液变浑浊，有淡黄色不溶物出现。

$$SO_2 + 2H_2S = 3S\downarrow + 2H_2O$$

$SO_2$ 还具有还原性，使溴水和高锰酸钾溶液褪色。

$$SO_2 + Br_2 + 2H_2O = H_2SO_4 + 2HBr$$
$$5SO_2 + 2KMnO_4 + 2H_2O = K_2SO_4 + 2MnSO_4 + 2H_2SO_4$$

$SO_2$ 具有漂白性，能使某些有色物质褪色。这是由于 $SO_2$ 可跟某些有色物质化合成无色物质，但形成的无色物质却不稳定，易分解而恢复原来有色物质的颜色。

7. 二氧化硫的危害

（1）二氧化硫（$SO_2$）对人体健康的危害

$SO_2$ 易溶于人体的体液和其他黏性液中，长期的影响会导致多种疾病，如：上呼吸道感染、慢性支气管炎、肺气肿等，危害人类健康。$SO_2$ 在氧化剂、光的作用下，会生成使人致病、甚至增加病人死亡率的硫酸盐气溶胶。据有关研究表明，当硫酸盐的浓度在 $10\mu g/m^3$ 左右时，每减少 $10\%$ 的浓度能使死亡率降低 $0.5\%$。

我国石油天然气行业标准 SY/T5087—2005《含硫化氢油气井安全钻井推荐做法》规定：$SO_2$ 在大气中的含量超过 $5.4mg/m^3$（2ppm）（例如在产生 $SO_2$ 的燃烧或其他操作期间），应在现场配备便携式 $SO_2$ 检测仪或带有检测管的比色指示监测器。

（2）破坏森林、草原和农作物

研究表明 $SO_2$ 对植物也有危害，在高浓度 $SO_2$ 的影响下，植物产生急性危害如叶片表面产生坏死斑，或直接使植物叶片枯萎脱落；在低浓度 $SO_2$ 的影响下，植物的生长机能受到影响，造成产量下降，品质变坏。

（3）使土壤酸性增强、湖泊酸化、破坏建筑物，生态环境受损

$SO_2$ 形成的酸雨和酸雾对生态环境的危害也相当大，主要表现为对湖泊、地下水、建筑物、森林、古文物以及人的衣物构成腐蚀。同时，长期的酸雨作用还将对土壤和水质产生不可估量的损失。$SO_2$ 转变成的硫酸盐气溶胶散射阳光，使能见度降低，硫酸雾和酸性硫酸盐腐蚀金属、建筑材料和其他物品。

（4）对金属腐蚀破坏

大气中 $SO_2$ 对金属的腐蚀主要是对钢结构的腐蚀。据统计，发达国家每年因金属腐蚀而带来的直接经济损失占国民经济总产值的 $2\% \sim 4\%$。由于金属腐蚀造成的直接损失远大于水灾、风灾、火灾、地震造成损失的总和，且金属腐蚀直接威胁到工业设施、生活设施和交通设施的安全。

**二、有机硫**

硫（S）在环境中大量以硫氧化物如 $SO_2$、$SO_3$ 等存在，还有部

分以 $H_2S$ 和有机硫(如硫醇、硫醚、二甲硫等)存在，并发生刺激性较强的恶臭污染。主要有甲硫醇($CH_3SH$)、二甲硫($CH_3SCH_3$)、二甲二硫($CH_3SSCH_3$)，因有强烈的臭味而被列为大气污染物。主要的排放源有炼油厂、石油化工厂、牛皮纸浆厂、农药厂等。

硫化物一般不作为重要的水污染物。化学、纺织、煤气和造纸等工业有硫化物随废水排放。废水中主要的硫化物是硫酸盐和 $H_2S$。由于人类活动，天然水体中的硫含量不断增多。例如，美国伊利湖中的硫酸盐含量从 1850 年到 1967 年以每 10 年增加 2mg/L 的速率增多。河水中的硫估计约 40% 来自人类活动。

### 三、硫化亚铁

在石油天然气钻采现场，无论是在钻开油气产层还是油气藏生产过程中，往往都会遇到含有如 $H_2S$、$CO_2$ 等腐蚀性酸性气体，当油气田酸性气体环境中含有两种腐蚀性气体共存时，还会产生协同作用而加速金属管材、设备等的腐蚀。

金属在酸性气体环境中，由于受到 $H_2S$ 电化学失重腐蚀的破坏，以相对活性的金属铁作为阳极，因为铁离子和硫离子多化合价的存在，所以阳极的最终形成物是 $Fe_xS_y$，即 FeS 是主要产物。该产物通常是一种有缺陷的结构，它与钢铁表面的黏结力差，易脱落、易氧化，且电位较正，因而作为阴极与钢铁基体构成一个活性的微电池，对钢基体继续进行腐蚀。如果含 $H_2S$ 介质中还含有其他腐蚀性组分如 $CO_2$、$Cl^-$、残酸等时，将促使 $H_2S$ 对钢材的腐蚀速率大幅度增高。

FeS 的形成，可能存在一些作业过程中，如果采取的措施不当，FeS 会产生自然而爆炸的灾难性的危害。另外，FeS 属低毒性，对环境水会造成一定的危害。因此，不能让未稀释或大量的产品接触地下水、水道或者污水系统，若无政府许可，勿将其排入周围环境。FeS 对水生生物有极高的毒性，具刺激作用，误服可引起胃肠刺激症状，长期吸入该粉尘，可能引起尘肺改变。所以，FeS 及其容器须作为危险性废料处置，避免释放至环境当中。

(一) 硫化亚铁的属性

硫化亚铁(FeS)是中文名称，其英文名是 Ferrous sulfide，中文别名又称皮萨草。是铁(II)的硫化物，标准状态下为黑褐色难溶于水的六方晶系晶体，具有非计量性质。它易被空气氧化，生成高价的铁氧化物(如 $Fe_3O_4$)和硫。粉末状的 FeS 会发生自燃。

单质(Fe)和硫(S)密闭高温反应，或铁(II)盐与碱金属硫化物在水溶液中作用都会生成 FeS。

$$S + Fe \longrightarrow FeS$$

$$Fe^{2+} + S^{2-} \longrightarrow FeS \downarrow$$

自然界的 FeS 以磁黄铁矿的形式存在。它有单斜和六方两种，都为非计量化合物，缺少铁原子，化学式大约为 $Fe_7S_8$。

FeS 是反铁磁性的，难溶于水。当 FeS 在潮湿空气中有微量水分存在，FeS 逐渐氧化而分解成 S 和 $Fe_3O_4$。

$$3FeS + 2O_2 \longrightarrow 3S + Fe_3O_4$$

但可溶于盐酸，遇酸则释放有毒性气体 $H_2S$。实验室中常作 $H_2S$ 发生剂。

$$FeS + 2HCl \longrightarrow FeCl_2 + H_2S \uparrow$$

真空加热至 1100℃时，FeS 开始分解。

FeS 在热水中分解，受高热分解放出有毒的气体。易燃，具刺激性。属低毒类，工作人员要做好防护，若不慎触及皮肤和眼睛，应立即用流动的清水冲洗。

其分子式为 FeS，相对分子质量为 87.9，密度为 $4.84g/cm^3$，熔点 1193 ~ 1199℃。

形状呈黑褐色六方晶体(图 1-2)，不溶于氨，难溶于水。

储存时，要求工作环境应具有良好的通风条件。该物质应储存于阴凉、通风仓库内。应与氧化剂、酸类、食用化工原料分开

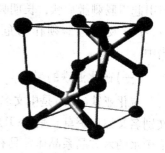

图1-2 FeS样品与晶格结构

存放。如果遵照规格使用和储存则不会分解，未有已知危险反应，避免氧化物、水分/潮湿、酸、碱金属。

硫化亚铁主要用途是作为分析试剂、制取$H_2S$及其他硫化物的制备，也用以制陶瓷及用作油漆颜料等。

（二）硫化亚铁的自燃

1. 硫化亚铁自燃的机理及现象

硫化亚铁及铁的其他硫化物在空气中受热或光照时，会发生如下反应：

$$FeS + 3/2O_2 = FeO + SO_2 + 49kJ$$

$$2FeO + 1/2O_2 = Fe_2O_3 + 271kJ$$

$$FeS_2 + O_2 = FeS + SO_2 + 222kJ$$

$$Fe_2S_3 + 3/2O_2 = Fe_2O_3 + 3S + 586kJ$$

在工艺系统内，只要有硫存在，必然会产生硫化亚铁，它受介质的温度、流速、硫含量、硫的存在形式所影响。硫化亚铁的组成和性质也对硫化亚铁的不断产生有较大影响。如果生成的硫化亚铁结构疏松，对钢铁无保护性，则加速硫化亚铁的生成。

设备内的硫化亚铁不是纯净物，与焦炭粉、油垢等混在一起形成污垢，结构一般较为疏松。在潮湿空气中极易氧化，二价铁离子被氧化成三价铁离子，负二价硫氧化成四价硫，放出大量的热量。局部温度的升高，会加速周围硫化亚铁的氧化，形成连锁反应。硫化亚铁自燃的过程中，如没有一定的可燃物支持，将产生白色的 $SO_2$ 气体，常被误认为水蒸气，伴有刺激性气味；同时放出大量的热。当周围有其他可燃物（如油品）存在时，会冒出浓烟，并引发火灾和爆炸。

2. 硫化亚铁自燃事故的防治对策

其一是从根源上控制 FeS 生成。FeS 的产生过程是设备的腐蚀过程，有必要从多个方面采取措施，减少对设备的硫腐蚀。一是从工艺方面入手，减少设备硫腐蚀，控制 FeS 的产生。加强常压装置"一脱四注"抑制腐蚀。根据原油的实际状况，选择效果好的破乳剂，优化电脱盐工艺，加大无机盐（例如 $MgCl_2$、$CaCl_2$）脱除率，从而减小塔顶 $Cl^-$ 含量；使用适合于高硫原料的缓蚀剂，降低腐蚀速度；适当加大注氨量，减轻硫腐蚀。采用渣油加氢转化工艺降低常压渣油的硫含量。催化裂化装置对常渣的硫含量要求较高，在加工高含硫原油的情况下，可采用渣油加氢转化技术，降低渣油中的硫、胶质、氮等物质的含量，可以减轻催化设备腐蚀，同时生产出高品质的产品。二是在分馏塔顶试添加缓蚀剂，使钢材表面形成保护膜，起阻蚀作用。

从设备方面采取措施，阻止 FeS 产生。易被硫腐蚀的部位，更换成耐腐蚀的钢材。兼顾成本，选择性价比较高的耐腐蚀钢材，例如选择价格合理而防腐性能与昂贵的 316L 钢相当的渗铝钢。采用喷镀隔离技术在易腐蚀设备内表面采用喷镀耐腐蚀金属或涂镀耐腐蚀材料等技术实现隔离防腐目的。但生产过程中如果流经设备及管线油品的流速较大或设备中的易磨损部位不宜采用喷镀隔离技术。

加强停工期间的防腐保护。对于长期停工的装置，应采用加盲板密闭，注入氮气（$N_2$）置换空气等措施，防止大气腐蚀。

加强有关岗位的操作管理，防止因操作不当造成 FeS 的不断生成。

其二是采用化学处理方法消除 FeS。

对于像减压塔填料，酸性水汽提塔板极易产生 FeS 部位，可采用化学方法处理。

可用稀盐酸清洗来消除 FeS 存在，但会释放出 $H_2S$ 气体，需额外加 $H_2S$ 抑制剂，以转化并消除 $H_2S$ 气体。

特制的高酸性螯合物在溶解硫化物沉淀时非常有效，不会产生 $H_2S$ 气体，但实际价格较昂贵。

可用氧化剂高锰酸钾（$KMnO_4$）氧化硫化物，具有使用安全，容易实施的优点。

其三是停工检修过程中应注意的问题：

停工前做好预防 FeS 自燃事故预案。停车前根据装置自身特点及以往的实践经验，做好 FeS 自燃预案，一旦发生自燃事故，立即采取措施，防止事故范围扩大，减小经济损失。

设备吹扫清洗时，对于弯头、拐角等死区要特别处理，并注意低点排凝，确保吹扫质量，防止残油及剩余油气的存在，从而避免 FeS 自燃引发爆炸和火灾扩大。

设备降至常温方可打开，进入前用清水冲洗，保证内部构件湿润，清除的 FeS 应装入袋中浇湿后运出设备外，并尽快采取深埋处理。

加强巡检。检修期间，特别是在气温较高的环境下，必须加强检查，及时发现，及时处理。

本章小结：本章主要就 $H_2S$ 的理化特性、形成机理、接触机会、传播特征和 $H_2S$ 的危害、$H_2S$ 相关术语及浓度表示和其他硫化物的理化特性等方面做了介绍。通过这三个方面知识的学习，可以使我们认识到：$H_2S$ 是一种无色、剧毒、可燃易爆、具有典型臭鸡蛋味、比空气略重的酸性气体；在油气田的钻完井、井下作业、采油气、集输、脱硫作业等过程中，都可能遇到 $H_2S$；在含 $H_2S$ 的作业场所，如果防护措施不当，$H_2S$ 就可能对人、对设备设施、对环境等造成危害。尽管如此，只要我们掌握了 $H_2S$ 的基本理化特性，有一套完整防护 $H_2S$ 的措施和管理制度，$H_2S$ 的危害是完全可以避免的。

**思考题：**

1. 硫化氢气体的物理化学特性有哪些？

2. 二氧化硫气体理化特性主要有哪些？

3. 硫化氢成因主要有哪几大类型？

4. 石油钻采作业现场硫化氢的主要分布在哪里？

5. 什么叫阈限值、安全临界浓度、危险临界浓度、IDLH 浓度、含硫化氢天然气？

6. 硫化氢气体的传播特征有哪些？有哪些重要提示？

7. 硫化氢及二氧化硫的危害有哪些？

# 第二章 硫化氢的腐蚀与防腐

在钻井、井下作业现场，金属管材的损伤和破坏是常见的钻具事故，而在含硫环境的钻采输及脱硫作业过程中，$H_2S$ 等腐蚀介质对金属材料的腐蚀是金属管材损伤和破坏的主要形式之一。而防腐是酸性气田勘探开发过程中的重点和难点。腐蚀带来的安全问题，贯穿于采气工程的各个环节。四川地区绝大多数气田具有 $H_2S$、$CO_2$ 等酸性气体分压高，井筒中流体温度高，地层水矿化度高，井底压力高，低含凝析油、有元素硫析出等特点，设备和材料的腐蚀风险较大。与酸性气体接触的设备容易发生腐蚀，甚至引起 $H_2S$ 气体泄漏，严重威胁气田的正常生产和人员的生命安全。

本章主要叙述酸性气田常见的腐蚀形式、酸性气的腐蚀特征以及典型气田气井管柱材料和缓蚀剂的选择方法，并介绍气田的腐蚀检测、监测方法。

## 第一节 硫化氢及二氧化碳对金属材料的 腐蚀机理

$H_2S$ 及 $CO_2$ 对作业现场的金属材质产生很严重的影响。在此，先要介绍 $H_2S$ 及 $CO_2$ 混合介质、元素硫以及流体力学化学等对金属材料的腐蚀机理。

### 一、硫化氢对金属材料腐蚀的类型及腐蚀机理

在常温、常压下，金属材料在干燥的含硫天然气中没有腐蚀

现象，但是 $H_2S$ 溶于水而形成湿 $H_2S$ 环境（在同时存在水和 $H_2S$ 的环境中，当 $H_2S$ 分压大于或等于 0.0003MPa 时，或同时存在 $H_2O$ 和 $H_2S$ 液态石油气中，当液相的 $H_2S$ 含量大于或等于 $10 \times 10^{-6}$ 时则称为湿 $H_2S$ 环境）时，易引发钢材腐蚀破坏，影响油气田开发和石油加工企业的正常生产，甚至会引发灾难性的事故，造成重大损失。

在湿 $H_2S$ 环境中，$H_2S$ 对金属材料的腐蚀包括电化学失重腐蚀和以氢脆及硫化物应力腐蚀等开裂形式为主的其他开裂破坏，金属破坏以开裂破坏形式为主，一般将几种形式的开裂破坏统称为氢脆破坏。

（一）电化学失重腐蚀

金属的电化学腐蚀是指金属在电解质溶液中，由于形成原电池而发生的破坏。$H_2S$ 对金属材料产生的电化学失重腐蚀，是金属和含硫天然气接触发生的电化学反应。腐蚀过程中，金属与腐蚀介质之间有电子传输，产生了电流。

在湿环境中 $H_2S$ 会发生电离，使水具有酸性，$H_2S$ 在水中的电解反应式为：

$$H_2S = H^+ + HS^- \qquad (2-1)$$

$$HS^- = H^+ + S^{2-} \qquad (2-2)$$

在湿环境中由式(2-1)、式(2-2)电离出的 $H^+$ 是强去极化剂，极易夺取金属的电子，促使阳极钢铁的溶解反应而导致钢材的腐蚀。$H_2S$ 电化学腐蚀阴、阳极过程如下：

阳极：$Fe - 2e \longrightarrow Fe^{2+}$

阴极：$2H^+ + 2e \longrightarrow H_{ad} + H_{ad} \longrightarrow 2H \longrightarrow H_2 \uparrow$

$$\downarrow$$

$$[H] \longrightarrow 钢中扩散$$

式中　$H_{ad}$——钢表面吸附的氢原子；

　　　$[H]$——钢中的扩散氢。

阳极反应的产物为：$Fe^{2+} + S^{2-} \longrightarrow FeS \downarrow$

因此钢材受到 $H_2S$ 腐蚀以后阳极的最终产物就是硫化亚铁，该产物通常是一种有缺陷的结构，它与钢铁表面的黏结力差，易脱落，易氧化，且点位较正，于是作为阴极与钢铁基体构成一个活性的微电池，对钢铁基体继续进行腐蚀。

金属电化学失重腐蚀的结果使金属表面形成蚀坑、斑点和大面积腐蚀剥落、剥脱等现象。造成设备壁厚减薄、穿孔、甚至引起爆破。如某输气管线使用 $16Mn\phi630 \times 8mm$ 螺旋焊接管，由于管内低凹处积水，形成电化学失重腐蚀，造成两次爆破事故。其中一次通气仅八个月就使 8mm 厚的管壁减薄为 0.5mm，引起爆破。

（二）氢脆破坏

$H_2S$ 除了对金属材料产生电化学失重腐蚀以外，$H_2S$ 对金属材料的腐蚀，最严重的是氢脆破坏。氢脆破坏往往造成井下管柱的突然断落、地面管汇和仪表的爆破、井口装置的破坏，甚至发生严重的井喷失控或着火事故。

$H_2S$ 水溶液对钢材发生电化学腐蚀的产物就是氢，一般认为它有两种去向：一是氢原子之间有较大的亲和力，易于结合形成氢分子排出；另一个去向就是由于原子半径极小的氢原子获得足够的能量后变成扩散氢[H]而渗透到金属的晶格内部及其缺陷处，在一定条件下将导致材料的氢脆破坏和氢损伤。金属材料在含硫天然气作用下，发生电化学反应，产生氢原子，氢原子会渗入到金属晶格内部及其缺陷处，而使金属材料鼓泡、变脆，但这不一定会引起破裂。如果金属材料一旦脱离腐蚀介质，氢原子即可从金属内部逸出，金属的韧性也会逐渐恢复，这一过程是可逆的。但是开裂破坏是金属材料在含硫天然气与固有应力两者同时作用下产生的破裂，是一个不可逆的过程。

因此，湿 $H_2S$ 环境除了可以造成石油、石化装备的均匀电化学腐蚀外，更重要的是引起一系列与钢材氢渗有关的腐蚀开裂破坏。

目前对氢脆和硫化物应力腐蚀破裂的机理存在多种不同说法，其中被大家普遍认同的是氢脆的压力理论。该理论认为，含硫天然气中的 $H_2S$（硫化物）与金属产生电化学反应，形成的氢离子渗入金属内部晶格和缺陷处，逐渐结合成氢分子，在金属内部产生很高的内压力，使金属韧性下降而变脆。至于氢脆是否为引起硫化物应力腐蚀破裂的一个必要过程，尚需进一步证明。

$H_2S$ 对金属材料的腐蚀破坏从腐蚀机理来说属于电化学腐蚀的范畴，而主要的表现形式就是应力腐蚀开裂（SCC）（Stress Corrosion Cracking）。应力腐蚀开裂简称应力腐蚀，它是在拉应力和特定的腐蚀介质共同作用下发生的金属材料的破断现象，它的发生一般认为需同时具备三个条件，即：①一定的拉应力。一般情况下，产生应力腐蚀的系统中存在一个临界拉应力值，它低于材料的屈服点，可以是外加应力也可以是内应力。②敏感材料。纯金属一般不发生应力腐蚀，合金或含有杂质的金属才易发生应力腐蚀开裂，就是说，不同的材料对应力腐蚀开裂的敏感程度不同，较为敏感的材料有不锈钢、高强钢、Cu、Al、Ti 合金等。材料的强度或者说热处理及冷作硬化等对这一敏感程度的影响很大，通常，材料的强度越高，越易发生应力腐蚀。③特定环境。某种材料只有在特定的腐蚀介质中才会发生应力腐蚀，当然介质中的杂质对发生应力腐蚀的影响也是很大的。

一般认为，湿 $H_2S$ 环境中的开裂有：①氢鼓泡（HB）；②氢致开裂（HIC）；③硫化物应力腐蚀开裂（SSCC）；④应力导向氢致开裂（SOHIC）– 氢脆 4 种形式。其中以硫化物应力腐蚀开裂和氢脆为主，也是最具危险性的开裂形式。如图 2 – 1 所示。

1. 氢鼓泡（HB）

腐蚀过程中析出的氢原子向钢中扩散，在钢材的非金属夹杂物、分层和其他不连续处易聚集形成分子氢，由于氢分子较大难以从钢的组织内部逸出，从而形成巨大内压导致其周围组织屈服，形成表面层下的平面空穴结构称为氢鼓泡，其分布平行于钢

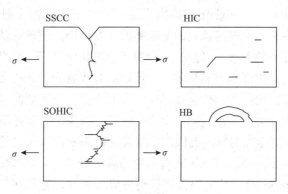

图 2-1　几种典型的 $H_2S$ 导致的破坏形式

板表面。它的发生无需外加应力，与材料中的夹杂物等缺陷密切相关。

**2. 氢致开裂（HIC）**

在氢气压力的作用下，不同层面上的相邻氢鼓泡裂纹相互连接，形成阶梯状特征的内部裂纹称为氢致开裂，裂纹有时也可扩展到金属表面。氢致开裂的发生也无需外加应力，一般与钢中高密度的大平面夹杂物或合金元素在钢中的不规则微观组织有关。酸性环境下的氢致开裂机理如图 2-1 所示。

**3. 硫化物应力腐蚀开裂（SSCC）**

湿 $H_2S$ 环境中腐蚀产生的氢原子渗入钢的内部固溶于晶格中，使钢的脆性增加，在外加拉应力或残余应力作用下形成。工程上有时也把受拉应力的钢及合金在湿 $H_2S$ 及其他硫化物腐蚀环境中产生的脆性开裂统称为硫化物应力腐蚀开裂。硫化物应力腐蚀开裂通常发生在中高强度钢中或焊缝及其热影响区等硬度较高的区域。

硫化物应力腐蚀开裂是由 $H_2S$ 腐蚀阴极反应所析出的氢原子，在 $H_2S$ 的催化下进入钢中后，在拉伸应力作用下，通过扩散，在冶金缺陷提供的三向拉伸应力区富集而导致的开裂，开裂垂直于拉伸应力方向，如图 2-1 所示。

普遍认为硫化物应力腐蚀开裂的本质属氢脆。硫化物应力腐蚀开裂属低应力破裂，发生硫化物应力腐蚀开裂的应力值通常远低于钢材的抗拉强度。硫化物应力腐蚀开裂具有脆性机制特征的断口形貌。穿晶和沿晶破坏均可观察到，一般高强度钢多为沿晶破裂。硫化物应力腐蚀开裂多为突发性，裂纹产生和扩展迅速。对硫化物应力腐蚀开裂敏感的材料在含 $H_2S$ 酸性油气中，经短暂暴露后，就会出现破裂，以数小时到三个月情况为多。

在此需要指出的是硫化物应力腐蚀开裂和下面将谈到的应力导向氢致开裂(氢脆)没有本质的区别，不同的是硫化物应力腐蚀开裂是从材料表面的局部阳极溶解、位错露头和蚀坑等处起源的。而氢脆裂纹往往起源于材料的皮下或内部，且随外应力的增加裂源位置向表面靠近。对 $H_2S$ 应力腐蚀来说，由于表面局部阳极溶解、位错露头和蚀坑等处的应力集中，氢原子易于富集，因而导致脆性增大，当氢浓度达到某一临界值时裂纹萌生。之后，裂纹内的局部酸化使裂纹尖端电位变负，氢的去极化腐蚀加剧。裂纹尖端的腐蚀、增氢和应力集中状态使得裂纹快速扩展，直至发生氢脆断裂。

4. 应力导向氢致开裂(SOHIC)

在应力引导下，夹杂物或缺陷处因氢聚集而形成的小裂纹迭加沿着垂直于应力的方向(即钢板的壁厚方向)发展导致的开裂称为应力导向氢致开裂即氢脆，其典型特征是裂纹沿"之"字形扩展。有人认为，氢脆也是硫化物应力腐蚀开裂的一种特殊形式，常发生在焊缝热影响区及其他高应力集中区，与通常所说的硫化物应力腐蚀开裂不同的是它对钢中的夹杂物比较敏感。据报道，在多个开裂案例中都曾观测到硫化物应力腐蚀开裂和氢脆并存的情况。如图 2-2 所示。

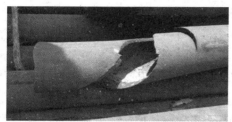

图2-2　某井钻具脆断情况

## 二、硫化氢和二氧化碳混合介质腐蚀机理

高酸性气田天然气中 $H_2S$ 和 $CO_2$ 分压高，对油套管腐蚀性极强。尽管国内外许多学者对 $H_2S$ 和 $CO_2$ 单独存在的环境中的腐蚀行为进行了许多研究，在工程上也有解决办法，但对 $H_2S$ 和 $CO_2$ 混合介质中的腐蚀机理、腐蚀规律与控制方法，研究依然非常欠缺，$H_2S$ 和 $CO_2$ 混合时的腐蚀机理还没有形成统一的认识。对于这一体系的腐蚀规律的认识目前仅限于以下方面。

$H_2S$ 和 $CO_2$ 共同存在时具有协同作用，$CO_2$ 的存在可以降低 pH 值，提高 SSC 的敏感性；$H_2S$ 可以破坏 $CO_2$ 腐蚀产生的保护膜，使得腐蚀持续增加，并作为毒化剂，加速 $CO_2$ 腐蚀过程中产生的氢原子进入钢材基体。

环境对于 $H_2S$ 和 $CO_2$ 共同存在下的腐蚀机理和腐蚀速度都有影响。主要有温度、$H_2S$ 分压、流速、pH 值、$Cl^-$ 等。

温度对 $H_2S$、$CO_2$ 腐蚀的影响主要体现在以下三个方面：第一、影响了气体在介质中的溶解度，温度升高，溶解度降低，抑制腐蚀进行；第二、影响了反应速度，温度升高，各反应进行的速度加快，促进了腐蚀的进行；第三、影响腐蚀产物的形成机制，导致腐蚀速度产生变化，发生局部腐蚀。

一般认为发生 SSC 的 $H_2S$ 极限分压为 $0.34 \times 10^{-3}$ MPa（水溶液中 $H_2S$ 浓度约 20mg/L），低于此分压不发生 SSC。$H_2S$ 浓度对腐蚀产物膜的成分有影响。研究表明：在水溶液中，$H_2S$ 为 2.0mg/L 的低浓度时，腐蚀产物为 $FeS_2$ 和 FeS；$H_2S$ 浓度为 2.0 ~ 20mg/L 时，腐蚀产物除 $FeS_2$ 和 FeS 外，还有少量 $Fe_9S_8$ 生成；$H_2S$ 浓度为 20 ~ 600mg/L 时，腐蚀产物中 $Fe_9S_8$ 的含量最高。上述腐蚀产物中，$Fe_9S_8$ 的保护性能最差。与 $Fe_9S_8$ 相比，$FeS_2$ 和 FeS 具有较完整的晶格点阵，阳离子在腐蚀反应期间穿过膜扩散的可能性处于较低状态，因此保护性能比 $Fe_9S_8$ 好。

研究证明，流速对钢的 $H_2S$、$CO_2$ 腐蚀影响非常大。高流速的冲刷作用易破坏腐蚀产物膜或妨碍腐蚀产物膜的形成，使钢表面处于裸露的初始腐蚀状态，高流速将影响缓蚀剂作用的发挥。因此，通常流速增加，腐蚀速率提高。但流速过低也容易导致点蚀等局部腐蚀的增加。一般来说，气体流速应该控制在 3 ~ 10m/s 之间。

pH 值的影响主要有两方面。第一、影响阴阳极反应速度，溶液 pH 值较低时（pH < 6），腐蚀电极反应速度主要受阳极酸性溶解过程控制，表面无法形成完整的腐蚀产物膜，腐蚀速度明显提高。第二、影响腐蚀产物膜的形成，pH 值直接影响着腐蚀产物膜的组成、结构及溶解度等。通常在低 pH 值的含 $H_2S$ 溶液中，生成的是以含硫量不足的硫铁化合物（如 $Fe_9S_8$）为主的无保护性的膜；随着 pH 值的增高，$FeS_2$ 含量也随之增多，在高 pH 值下生成的是以 $FeS_2$ 为主的具有一定保护效果的膜。另外，pH 值从 4 增加到 5，$FeCO_3$ 的溶解度下降 5 倍；pH 值从 5 增加到 6，溶解度要下降上百倍。因此，高的 pH 值更有利于保护性的 $FeCO_3$ 膜的形成。

$Cl^-$ 基于电价平衡总是争先吸附到钢铁的表面。因此，$Cl^-$

的存在往往会阻碍保护性的腐蚀产物膜在钢铁表面形成，从而加剧腐蚀。$Cl^-$可以通过钢铁表面腐蚀产物膜的细孔和缺陷渗入其膜内，使膜发生显微开裂，生成点蚀核，并且由于$Cl^-$的不断移入，在闭塞电池的作用下，形成点蚀。$Cl^-$的存在显著加速了点蚀破坏。含硫环境中$Cl^-$可以弱化金属与腐蚀产物间的作用力，阻止具有附着力的硫化物生成。因此，在腐蚀过程中腐蚀产物膜会不断脱落，裸露出基体，从而使碳钢的腐蚀失重变得极严重。采气过程中地层水中的$Cl^-$会与酸性气体产生协同作用，在材料表面以垢的形式生成腐蚀产物层，从而减缓全面腐蚀速率，但局部垢下腐蚀倾向会增大。垢的形成过程和保护作用受多种因素的影响，如与碳酸盐和其他盐类的存在有关，与垢层下金属表面状况和腐蚀反应速度有关。在高流速区和焊接接头处，由于垢层的破裂，局部腐蚀的速率加快。疏松的膜产生阻塞区，使垢下介质酸化，产生严重的局部垢下腐蚀，这是造成设备失效的关键。

### 三、元素硫腐蚀机理

高酸性气井生产过程中容易发生硫沉积现象。元素硫和$Cl^-$、$H_2S_x$、$H_2S$及$HS^-$等共同作用会加剧材料的腐蚀。

当体系中存在元素硫时，可以使得碳钢的腐蚀失重呈数量级增加。现在较普遍的看法是元素硫具有强氧化性，并且含硫阴离子具有很强的去极化作用。元素硫吸附在样品表面容易发生歧化反应，化学反应式为：

$$(x+y-1)S+yH_2O=(y-1)HS^-+S_xO_y^{2-}+(y+1)H^+$$

$$(2-3)$$

其中，氧化态产物$S_xO_y^{2-}$可以是$S_2O_3^{2-}$、$SO_3^{2-}$、$SO_4^{2-}$、$S_xO_6^{2-}$中的一种或几种，随反应的pH值和温度而定。歧化反应不断电离出$HS^-$、$S^{2-}$，它们的极性高于$Cl^-$和$OH^-$，$S^{2-}$与$Cl^-$及$OH^-$竞争，并优先与氧结合，逐渐在金属表面形成金属硫化物膜。此膜不能有效地阻止侵蚀性阴离子向蚀坑深度方向扩散，加速酸化坑底部的环境，点蚀程度加重。另外，由于铁的硫化物电位较正，并具有导电性，膜层与基体电位差可能会加速基体腐蚀并诱发膜下非均匀腐蚀的发生。

元素硫不但可以使碳钢的腐蚀速度增大，也能加剧镍合金的点蚀。镍合金的高耐蚀性能，主要是由于镍合金有很强的钝化能力，表面可以形成致密的钝化膜，钝化膜外层的氢氧化物膜可以阻碍阴离子扩散进入钝化膜内层，而内层氧化物膜可以阻碍阳离子从钝化膜内向外扩散，从而对基体产生保护。由于硫是一种强氧化剂，在高于其熔点的温度及介质条件下吸附于表面的硫极易发生歧化反应，和在碳钢中情况一样，$S^{2-}$ 与 $Cl^-$ 及 $OH^-$ 竞争，并优先与氧结合，并逐渐在表面形成金属硫化物膜。所不同的是，膜中的 $S^{2-}$ 借助空位迁移会进入到钝化膜内层，降低钝化膜形成的动力学因素，从而破坏钝化膜自修复功能，导致基体的溶解，成为点蚀的形核点。

研究发现，元素硫对镍基合金局部腐蚀的促进作用主要发生在高于元素硫熔点（119℃）的高温条件下，并且这种促进作用是在一定的温度范围内发生的，当温度避开这一临界区间时，元素硫的局部酸化引起的腐蚀程度就会明显减弱。

### 四、流体力学化学腐蚀机理

流体力学化学腐蚀主要是指在高速气流流动情况下，含 $H_2S$ 和二氧化碳等酸性气体对金属管材的腐蚀。其主要腐蚀特性可以分为冲刷腐蚀和空泡腐蚀。

冲刷腐蚀是金属表面与腐蚀流体之间由于高速相对运动引起的金属损伤，是流体的冲刷与腐蚀协同作用的结果。冲刷可能造成腐蚀产物膜破坏，从而加剧腐蚀。例如含有固相的流体在冲刷作用下对油管表面造成的磨损性腐蚀以及集气站场管线的拐弯和接头处。

空泡腐蚀是一种特殊形式的冲刷腐蚀，主要是由于液体高速流动过程中所产生或携带的气泡破裂对材料表面的锤击作用所造成的。气泡的破裂可以造成材料表面粗化，出现大量直径不等的火山口状的凹坑，最终使材料丧失使用能力。

# 第二节　油田常用的抗硫材料

在含硫油田开采中，对油田管材影响最大的是 SSC 和 SCC。SSC 和 SCC 都是低应力破坏，甚至在很低的拉应力下都可能发生开裂。通常情况下，随着钢材强度或硬度的提高，SSC 的敏感性增加，甚至在百分之几屈服强度时也会发生开裂。它们也均属于延迟破坏（滞后开裂），开裂可能在钢材接触 $H_2S$ 后很短时间内（几小时、几天）发生，也可能在数周、数月或几年后发生，但无论破坏发生迟早，往往事先无明显预兆，具有很强的突然性。在考虑 $H_2S$ 环境下的腐蚀破坏时，首先应该避免的是 SSC 和SCC，使用 NACE MR 0175 标准规定的抗硫钢材是在工程上防止SSC 和 SCC 的有效方法，但必须注意 NACE 标准中碳钢的使用限制，不同类型的抗硫碳钢允许使用的 $H_2S$ 分压和 pH 值是有界限的。需要指出的是，选用 NACE 标准规定的抗硫碳钢并不能防止电化学失重，必须辅助缓蚀剂、电化学保护等其他手段才能达到理想的防腐效果。

就材料本身而言，影响碳钢和低合金钢抗 SSC 性能的主要因素有显微组织、强度、硬度以及合金元素。

当硬度相近时，各显微组织对 SSC 敏感性由小到大的排列顺序为：铁素体中均匀分布的球状碳化物、完全淬火＋回火组织、正火＋回火组织、正火组织、贝氏体及马氏体组织。总之，在晶格热力学上越处于平衡状态的组织，就越能提高材料抗 SSC 性能。夹杂物的形状是十分重要的，特别是 MnS 的形状。MnS 在高温时容易塑性变形，热轧所形成的片状 MnS 易于导致 SSC。因此降低 S 含量或加入稀土元素改变硫化物形状是降低 SSC 敏感性的有效措施。

钢材的硬度是影响钢材 SSC 失效的重要因素，是控制钢材发生 SSC 的重要指标。一般来讲，钢材硬度越高，开裂所用时间越短，SSC 敏感性越高。因此，在 NACE MR 0175/ISO 15156 中规定的所有抗 SSC 材料均有硬度要求：在常温常压的 $H_2S$ 饱和水溶液中，碳钢不发生 SSC 的硬度应≤22HRC（相当于 HV245）。

随屈服强度升高，临界应力和屈服强度的比值下降，即 SSC 敏感性增加。

抗硫碳钢在成分上要求尽可能的降低碳（C）、硫（S）、磷（P）的含量，并控制镍（Ni）、锰（Mn）含量。C 含量过高会引起材料硬度升高，降低抗 SSC 的能力。S 易形成夹杂和缺陷，特别是 MnS 夹杂，对抗 SSC 非常不利。P 除了可能引起钢红脆（热脆）和产生夹杂以外，还对氢原子结合成氢分子具有抑制作用，亦即具有毒化作用，使金属增氢效果增加，从而也就会降低钢在含 $H_2S$ 介质中的稳定性。高 Ni 合金虽是非常好的耐蚀材料，但对于低合金抗硫钢而言，提高 Ni 含量会降低它在含 $H_2S$ 溶液中对 SCC 的抵抗力。含 Ni 低合金钢之所以有较大的 SCC 倾向，是因为 Ni 对阴极过程有较大的影响。在含 Ni 低合金钢中可以观察到较低的阴极过电位，其结果是钢对氢的吸留作用加强，导致金属 SCC 的倾向性提高。另外，Ni 含量的增加，也更容易形成马氏体相。因此 Ni 在抗硫碳钢和低合金钢中的含量，即使其硬度≤22HRC 时，也不应该超过 1%。Mn 元素是一种易偏析的元素，Mn 在 SSC 过程的作用十分突出。当偏析区 Mn、C 含量达到一定比例时，在钢材生产和设备焊接过程中，产生出马氏体/贝氏体高强度、低韧性的显微组织，表现出很高的硬度，对设备抗 SSC 是不利的。

所以，在含硫作业过程中，特别要考虑到井下以及地面所使用的管材抗硫性能，以保证作业的安全。在材料选择的过程中，遵循两个原则：一是适用性原则，材料能够适用于环境，满足安全生产需要；二是经济性原则，在满足需要的情况下，尽量降低成本，选择最经济的材料。

高酸性气田材料选择，首先需要避免氢脆，材料在所使用的环境中不能发生脆性开裂事故，因此材料在使用前必须经过实验评定。其次是符合工程上接受的腐蚀速率，国内石油行业标准规定的平均腐蚀速率不超过0.076mm/a，因此也需要进行实验室模拟环境腐蚀速率测定，测得的腐蚀速率不得高于这一标准。

以下谈谈在高酸性气田常用金属材料的使用环境。

（一）抗硫碳钢和低合金钢

抗硫碳钢和低合金钢材料不适用于防护电化学腐蚀，只用于防止发生硫化物应力开裂。NACE MR 0175/ISO 15156 -1 根据不同的酸性环境，对于抗硫碳钢和低合金钢的抗 SSC 划分了不同的级别，对于适用于高酸性气田环境腐蚀($pH < 3.5$ 或 $1MPa > P_{H_2S} > 0.1MPa$)的抗硫碳钢和低合金套管、油管及管件材料应满足以下条件：

1）可以采用屈服强度为690MPa、720MPa 和 760MPa 淬火和回火的 Cr – Mo 低合金钢制成的管子和管件，但硬度不超过30HRC；

2）如果硬度不超过26HRC，可以采用淬火和回火的 Cr – Mo 低合金钢制成的管子和管件，但需要按 NACE 方法进行单向拉伸的抗 SSC 检验；

3）如果管子及其管件在等于或小于510℃温度下进行冷矫直，最小应在480℃进行应力消除；

4）如果硬度超过22HRC 的高强度管子连接件是冷成型的，连接件要在595℃的温度下消除内应力。

（二）马氏体不锈钢

马氏体不锈钢是一种在室温下保持马氏体组织的铬不锈钢。在国际市场上耐蚀合金油管、套管类产品中，马氏体不锈钢所占的比例最大。它主要用于 $CO_2$ 腐蚀环境，而不适用于高 $H_2S$ 环境。油气田中常用的有410、13Cr、S/W 13Cr 等。马氏体不锈钢一般用在 $H_2S$ 分压小于10kPa 和 $pH > 3.5$ 条件下，对于元素硫腐蚀大多没有防护能力。使用马氏体不锈钢必须考虑在低 pH 值和高温环境中的氯化物、微量 $H_2S$ 点蚀和氯化物应力开裂，同时还要考虑低 pH 值和低温下高强度马氏体不锈钢的 SSC。

### (三)铁素体不锈钢

铁素体不锈钢指以铁素体组织为主的不锈钢，含铬量在 11% ~ 30%，具有体心立方晶体结构，一般不含镍，有时还含有少量的 Mo、Ti、Nb 等元素。铁素体不锈钢具有导热系数大、膨胀系数小、抗氧化性好、抗应力腐蚀性能优良等特点，但存在塑性差、焊后塑性和耐蚀性明显降低等缺点，因而限制了它的应用。在高酸性气田中目前已使用的有 405、409、430 等标号，一般用在 $H_2S$ 分压小于 10kPa 和 pH > 3.5 的条件下，且使用时应为退火状态并要求硬度小于 22HRC。

### (四)奥氏体不锈钢

奥氏体不锈钢是指在常温下具有稳定奥氏体组织的不锈钢。最常用的奥氏体不锈钢有 304、316 等。奥氏体不锈钢无磁性而且具有高韧性和塑性，但强度较低，不能通过相变使之强化，仅能通过冷加工进行强化。奥氏体不锈钢除耐氧化性酸介质腐蚀外，如果含有 Mo、Cu 等元素还能耐硫酸、磷酸以及甲酸、醋酸、尿素等的腐蚀。但是奥氏体不锈钢在氯盐中易发生氯化物应力腐蚀，因此一般需要避免使用在高温高 $Cl^-$ 的环境中。NACE MR 0175/ISO 15156 中规定的含硫油气田使用的奥氏体不锈钢除 S20910 以外，一般要求 C ≤ 0.08%、Cr ≥ 16%、Ni ≥ 8%、P ≤ 0.045%、S ≤ 0.04%、Mn ≤ 2.0%、Si ≤ 2.0%。如果氯化物的浓度较高，只允许使用在 $H_2S$ 分压小于 100kPa 和温度小于 60℃ 的条件下，且不能抗元素硫腐蚀；当氯化物浓度小于 50mg/L 时，可以使用于 60℃ 以内 $H_2S$ 分压小于 350kPa 的环境中。含硫环境中使用的奥氏体不锈钢不允许以冷加工来提高机械性能，要求固溶退火加淬火，或是退火加热稳定热处理状态，且硬度小于 22HRC。S20910 使用范围较其他奥氏体不锈钢更宽，最大硬度可以达到 35HRC，要求在退火或热轧状态下使用，使用温度可以提高到66℃，但依然不能用于元素硫环境，并且 $H_2S$ 分压不得大于100kPa。

### （五）双相不锈钢

双相不锈钢的固溶组织中含铁素体和奥氏体组织，油气田常用的双相不锈钢有2205、2507等。双相不锈钢综合了奥氏体和铁素体不锈钢的特点，把奥氏体不锈钢的优良韧性与铁素体不锈钢的高强度和耐氯化物应力腐蚀性能结合在一起，具有较好的耐腐蚀性和机械性能。

与马氏体不锈钢类似，双相不锈钢也应考虑低 pH 值和高温环境的氯化物、微量 $H_2S$ 点蚀和氯化物应力腐蚀开裂，同时也要考虑在低 pH 值和低温下高强度钢的 SSC。氯根含量和 $H_2S$ 分压的不同组合可能导致双相不锈钢的应力腐蚀开裂。如果双相不锈钢与带阴极保护的碳钢或低合金钢连接，双相不锈钢会产生氢诱导应力开裂（HISC）。

### （六）沉淀硬化型不锈钢

沉淀硬化又名析出强化，指金属在过饱和固溶体中溶质原子偏聚区和（或）由其脱溶出的微粒弥散分布于基体中而导致硬化的一种热处理工艺。沉淀硬化可以使某些合金的过饱和固溶体在室温下放置或者将它加热到一定温度，溶质原子会在固溶点阵的一定区域内聚集或组成第二相，从而导致合金硬度升高的现象。这种钢经过一系列的热处理或机械变形处理后奥氏体转变为马氏体，再通过时效析出硬化达到所需要的高强度，具有很好的成形性能和良好的焊接性能。

沉淀硬化奥氏体型不锈钢用于酸性气田的主要标号是S66286，使用状态为固溶退火加时效或固溶退火加双时效状态，不抗元素硫腐蚀，使用环境要求温度小于66℃， $H_2S$ 分压小于100kPa，在此环境中，对 $Cl^-$ 浓度并无限定。

沉淀硬化型马氏体不锈钢可用作封隔器等井下装备，也可以用作井口和采气树部件，但不能用作壳体和阀盖，常用的标号为

S17400 和 S45000。对于 S17400，要求硬度小于 33HRC，环境限制为 $H_2S$ 分压小于 3.4kPa 并且 pH > 4.5；对于 S45000，最大硬度为 31HRC，可以使用在 $H_2S$ 分压小于 10kPa 并且 pH > 3.5 的环境中。

（七）镍基合金

镍具有极大的转入钝态的倾向，在一般温度下镍的表面覆盖一层氧化膜，使它具有极强的耐蚀性。镍含量 25% ~ 45% 的镍基合金具有高耐腐蚀及抗环境开裂性能，同时具有较高强度。用于制造石油设备的镍基合金，经过冷轧加工后可以获得很高的强度，屈服强度可达 1034.2 ~ 1241.0MPa(150 ~ 180ksi)。高酸性气田常用的镍基合金主要有固溶镍基合金和沉淀硬化型镍基合金两类。

在高酸性气田开发过程中，橡胶常被用来作为密封件或零件，如井下工具的密封件、封隔器胶筒等。作为井下工具的关键密封部件——橡胶材料需要承受高温、高压同时还受到 $H_2S$、酸等的腐蚀，工况复杂，条件苛刻。在气井生产过程中橡胶材料将会发生溶胀、老化、过度交联等变化，导致材料硬度上升，强度、弹性下降，抗裂口增长能力降低，致使密封材料产生早期破坏，密封失效。同时，橡胶材料在重复使用的情况下，会发生"爆炸式解压破坏"，即在高压和较长时间的井下工况下，弹性体溶解了部分气体，当压力骤减时，溶解的气体迅速膨胀，导致弹性体复合材料破裂失效。

高酸性气田中常用的耐 $H_2S$ 的橡胶主要有全氟醚橡胶、四丙氟橡胶和氢化丁腈橡胶三种。

1. 全氟醚橡胶

全氟醚橡胶是目前所有橡胶中耐 $H_2S$ 性能最好的品种，对含 $H_2S$ 的液体表现出非常高的惰性，并可耐多种化学品腐蚀。全氟醚橡胶可在 288℃ 下长期使用并保持弹性，也是耐热性能最好的品种。除此之外，还具有均质性，表面没有渗透、开裂和针孔等困扰。这些特征可以提高密封性能，延长运行周期，有效降低维护成本。缺点是成本高，并且国内不能生产。

### 2. 四丙氟橡胶

四丙氟橡胶是一种含氟高聚物，它是以四氟乙烯和丙烯为原料，全氟辛酸盐为乳化剂，过硫酸盐为引发剂，水为介质，经过乳液聚合，然后再凝聚、洗涤、干燥、轧片而得。四丙氟橡胶具有很好的耐热性，在200℃下可以长时间使用，机械性能也不会退化，在230℃下可使用2~3个月，在260℃下可连续使用10~30d，在300℃下也可短时间使用。它对于润滑油、液压油的膨润性小，而且对于各种添加剂以及甲醇、酸、碱也具有非常高的耐腐蚀性。具有很好的耐高温、耐 $H_2S$ 腐蚀性能，在酸性气田中主要用于轴封、密封圈、O形圈、耐腐蚀衬里、垫圈、耐热电线、振动膜、轧辊、套筒、软管、传动带等。

### 3. 氢化丁腈橡胶

丁腈橡胶经过氢化反应后可以提高拉伸强度、耐热老化性、耐候性和耐劣质燃油性，并且胶料的脆性温度也大幅度改善，从而成为物理机械性能非常均匀的优质材料。氢化丁腈橡胶可在150℃下长期使用，短期使用温度可达175℃。具有高温下优良的耐油性，能耐各种润滑油、液压油、含多种添加剂的燃料油、强腐蚀性氧化油，并具有优良的耐臭氧性、抗高温辐射性及耐热水性。氰基的存在一定程度上影响了氢化丁腈橡胶的耐 $H_2S$ 老化性能，氢化丁腈橡胶不能用于高温长期的含 $H_2S$ 环境，而普通丁腈橡胶则不耐 $H_2S$。在所有的耐油橡胶制品中，氢化丁腈橡胶的机械力学性能是最好的，它具有对油田应用的最佳平衡性能，且具有耐高压和在高压下的抗喷出性能(这对于抵抗封隔器胶筒的"爆炸式解压破坏"具有决定作用)。氢化丁腈橡胶拉伸强度最高可达60MPa，更为重要的是氢化丁腈橡胶高温下处于各种复杂油品及化学介质中仍能保持优良力学性能，高温下物理、机械性能优于大多数弹性体。

# 第三节　酸性气田常用防腐方法

## 一、酸性气田腐蚀监测方法

腐蚀监测是现场腐蚀的直接反映，是认识和了解油气田生产系统腐蚀因素、制定防腐蚀措施的基础；是监督、评价防腐蚀措施的有效手段。通过腐蚀监测，可以获得腐蚀过程和操作参数之间相互联系的有关信息，鉴定腐蚀原因，判断和评价腐蚀控制措施的有效性和可靠性，进而有针对性地调整和优化腐蚀控制方案和措施，预防腐蚀破坏事故的发生。

腐蚀监测方法从原理上可分为物理测试、电化学测试及化学分析，主要有失重挂片法、氢监测法、超声波法、电阻法、线性极化电阻法、电偶法、热像法、射线技术及各种探针技术。

经过分析对比腐蚀监测的准确性、灵敏度、监测内容、寿命以及成本等因素，普光气田选取挂片监测（CC）、电阻探针（ER）、线性极化探针（LPR）、电指纹（FSM）、智能清管、氢通量法和化学介质分析等作为主要监测方法。其中，探针重点监测的位置包括：

一是系统中油、气、水的流动方向发生突变的位置。在这些部位往往容易产生湍流和流速的急剧变化。监测探头需插入在最大湍流或最大流速区。

二是系统中存在死角、缝隙、旁路支管、障碍物或其他呈突出状态的部位。这些部位容易发生腐蚀，需要重点监测，主要原因是：①容易产生滞留，沉积物或腐蚀产物的积聚形成闭塞电池；②容易发生湍流引起冲刷腐蚀；③这些区域形状特点会造成局部腐蚀气体的分压升高。

三是设备装置的受应力区。如焊缝、铆接处、螺纹连接处，经受温度交替变化或应力循环变化的区域。这些部位易产生应力腐蚀、焊缝腐蚀、缝隙腐蚀和腐蚀疲劳等，需要重点监测。

四是设备中不同材质金属相互接触部位，易发生电偶腐蚀，宜增加可移动式电指纹监测设备，以便对其定期监测。

下面分别介绍现场常用的监测方法。

1. 挂片监测法（CC）

挂片监测法是最经典的腐蚀速度测定方法，是指将待测金属样品经表面处理和称重后将试片插入介质中，一段时间后取出并进行处理分析。通过测量试片重量的变化，算出平均腐蚀速率。同时观察试片上点蚀情况，分析判断腐蚀成因和机理。

2. 电阻探针法（ER）

电阻探头测量法是一种以测量金属损耗为基础的检测方法，通过探头电阻值的变化来确定金属损耗量，从而得到其腐蚀速率。运用该方法可以在设备运行过程中对设备的腐蚀状况进行连续的监测，能准确地反映出设备运行各阶段的腐蚀速率及其变化，且能适用于各种不同的介质，不受介质导电率的影响，其使用温度仅受制作材料的限制。它与失重法不同，不需要从腐蚀介质中取出试样，也不必除去腐蚀产物，操作快速、方便。

3. 线性极化探针法（LPR）

线性极化技术是广泛应用于工程设备腐蚀速率监测的技术之一。LPR探头的测量原理与电解作用相似。将一个小的电压（或极化）加到溶液中的一个电极上，由于微小的电压极化而产生的电流直接与电极表面的腐蚀速率有关，从而得到瞬时腐蚀速率。但它不适合于导电性差的介质，必须在电导率较高的液体电解质中使用，这是由于当设备表面有一层致密的氧化膜、钝化膜，或堆积有腐蚀产物时，将产生假电容而引起很大的误差，甚至无法测量。在一些特殊的条件下检测金属腐蚀速率通常需要与其他测试方法进行比较以确保线性极化检测的准确性。

4. 电指纹法（FSM）

电指纹法亦即场图像技术。其原理是通过在给定范围进行相应次数的电位测量，可对局部现象进行监测和定位。其独特之处在于将所有测量的电位同监测的初始值相比较，这些初始值代表了部件最初的几何形状，可以将它看成部件的"指纹"，电指纹法名称即源于此。与传统的腐蚀监测方法（探针法）相比，FSM在操作上没有元件暴露在腐蚀、磨蚀、高温和高压环境中，没有将杂物引入管道的危险，不存在监测部件损耗问题，在进行装配或发生误操作时没有泄漏的危险。运用该方法对腐蚀速度的测量是在管道、罐或容器壁上进行。其敏感性和灵活性要比大多数非破坏性实验（NDT）好。此外该技术还可以对不能触及部位进行腐蚀监测。

5. 智能清管

智能清管实际上是管道智能检测，是一种综合性的方法，不同于上述的单纯检测方法。它是利用工具携带的仪器和设备，通过清管作业的方式，对管道进行在线检测，以了解管道情况的特殊清管方式。目前天然气管道的智能清管方法有几何检测、地理位置检测、腐蚀检测。腐蚀检测最常用的是纵向漏磁检测法，在检测完成后，通过专用软件对采集到的数据进行分析，准确定位出管道缺陷，从而及时掌握管线几何变形及金属腐蚀的情况，它可以准确地分析管道内外壁金属损失的大小和位置，为生产运行参数和防腐措施的合理调整提供依据。目前采用的漏磁式智能清管缺陷检测技术对金属损失缺陷准确度高，但对管道的裂纹缺陷和焊缝缺陷的准确度不高。

6. 氢通量法和化学介质分析（水分析）

酸性环境中，腐蚀的结果产生往往伴随有原子氢，管内产生的氢原子向管外壁渗透，内壁和外壁的原子形成一定比例。氢通量法的原理是通过氢探头测量金属内部氢浓度或用电化学方法求得氢原子在金属中的扩散通量，通过测量氢原子在钢中的渗透，判断腐蚀的程度。氢探头按安装部位分为内置式和外置式；按感应类型分为有压力型氢探头和电化学氢探头两种。氢探头可用于快速监视碳钢或低合金钢在含有硫化物和其他非氧化性介质遭受到的氢损伤，仅需约1h甚至更短时间的测量，即可准确地判断发生氢致开裂的风险程度。但其缺点是析氢反应的发生往往和失重腐蚀没有对应的定量关系。普光气田采用便携式氢通量监测仪对重点部位进行定期检测，并随时对可疑部位进行加密检测。

化学介质分析（水分析）是通过对介质中与腐蚀过程相关的成分进行定量分析，从而判断腐蚀趋势的方法。该方法可以适用于任何介质，监测引发腐蚀因素的强弱，但不能定量化的监测材料腐蚀的程度以及腐蚀发生的位置。

化学介质分析（水分析）主要是通过铁计数和残余缓蚀剂测试来进行的。其中铁计数是通过在系统中，无论是溶解铁还是颗粒状铁的存在都是腐蚀的迹象，因而通过测量铁的数量可以分析腐蚀的严重程度。通常测量水质中溶解铁的量，但腐蚀产物铁颗粒（例如，随气体流的硫化铁）的测量也是重要的。因此，使用铁计数，则烃相和水相都应该同时检测。

残余缓蚀剂测试是指在使用缓蚀剂控制时，通过对注入点的下游缓蚀剂存在水平进行测试，以发现缓蚀剂使用量的合理性，并适当在注入点进行注入调整，加强腐蚀控制。整个系统中始终需存在足够的缓蚀剂才能达到充分的保护效果。由于不可避免地受到系统中其他物质的干扰，缓蚀剂残量的现场测试，需要依据缓蚀剂品种及系统流体等情况来执行以确定其可行性。通过缓蚀剂残量分析可以估测系统流体中现存缓蚀剂的实际量，残量分析结果应与系统流体中缓蚀剂的加注量相协调。

油气田生产系统设施复杂，连接形式多样。任何一种监测方法都有不足和缺陷，对监测方案的确定应全方位综合考虑，最好使用多种方式进行监测，以便于相互印证。

### 二、酸性气田防腐方法及其在气田中的应用

在酸性气田中，防腐涉及到从钻井、试气、井下作业、采集输和净化等作业过程。在钻井、试气、井下作业中，主要对使用

的管串、相关井下和井口设备以及与之连接的管线进行防腐蚀，做法是选择防腐蚀管材与设备，而在采集输和净化等作业过程中，既要选择相关的防腐蚀管材与设备，同时还需要使用合适的缓蚀剂保护以及合适的制造工艺措施等，以防 $H_2S$ 和 $CO_2$ 的腐蚀。

（一）选择抗硫的管材

根据选材评价试验，确定酸性气田开发井套管、油管及井下工具的材质。

1）表层套管选用碳钢材质；技术套管选用抗硫碳钢。

2）对于生产过程中不直接接触含 $H_2S$、$CO_2$ 流体的生产套管，选用具有抗硫能力的碳钢管材。对于直接接触含 $H_2S$、$CO_2$ 流体的生产套管，根据模拟工况条件下的电化学腐蚀实验、硫化物应力开裂和氢致开裂评价实验，选用 Incoloy 825 合金套管。

3）油管采用抗 SSC 和电化学腐蚀能力强的 G3 镍基合金材质油管；井下工具选用可抗 12% ~ 18% $H_2S$、$CO_2$ 腐蚀的 Inconel 718 镍基合金材质。

4）井下密封材料选用四丙氟橡胶材料。

5）油套环空加注保护液保护套管内壁，生产过程中适时加注缓蚀剂。

（二）应用缓蚀剂

缓蚀剂的应用是保证气田开发安全生产的关键之一，是在采集输作业和净化过程中常用的管道和设备防腐蚀措施之一。缓蚀剂包括品种、用量、与其他药剂（如水合物抑制剂、硫溶剂等）的配伍性等，都要通过实验室模拟实验进行筛选确定，并进行现场跟踪监测，及时地调整缓蚀剂品种、用量及加注方案，以确保缓蚀剂应用的有效性和可靠性。

缓蚀剂有多种分类方法。大部分缓蚀剂的缓蚀机理是与腐蚀介质接触的金属表面形成一层保护膜，这种保护膜将金属和介质隔离，以达到缓蚀目的。根据缓蚀剂形成的保护膜的类型，缓蚀剂可分为氧化膜型、沉积膜型和吸附膜型等几类。

### 1. 氧化膜型缓蚀剂

铬酸盐、亚硝酸盐、钼酸盐、钨酸盐、钒酸盐、正磷酸盐、硼酸盐等均被看作氧化膜型缓蚀剂。铬酸盐和亚硝酸盐都是强氧化剂，无需氧的帮助即能与金属反应，在金属表面阳极区形成一层致密的氧化膜。其余的几种或因本身氧化能力弱，或因本身并非氧化剂，都需要氧的帮助才能在金属表面形成氧化膜。氧化膜型缓蚀剂通过阻抑腐蚀反应的阳极过程达到缓蚀目的，能在阳极与金属离子作用形成氧化物或氢氧化物，沉积覆盖在阳极上形成保护膜，因此有时又被称作阳极型缓蚀剂。该类缓蚀剂一旦剂量不足就会造成点蚀，反而加重局部腐蚀。$Cl^-$、高温及高的流速都会破坏氧化膜，故在应用时需根据工艺条件适当改变缓蚀剂的浓度。

### 2. 沉积膜型缓蚀剂

锌的碳酸盐、磷酸盐和氢氧化物以及钙的碳酸盐和磷酸盐是最常见的沉积膜型缓蚀剂。由于它们是由 $Zn^{2+}$、$Ca^{2+}$ 与 $CO_3^{2-}$、$PO_4^{3-}$ 和 $OH^-$ 在金属表面的阴极区反应而沉积成膜，所以又被称作阴极型缓蚀剂。沉积型缓蚀膜不和金属表面直接结合，而且是多孔的，往往出现金属表面附着不好的现象，缓蚀效果不如氧化膜型缓蚀剂。

### 3. 吸附膜型缓蚀剂

吸附膜型缓蚀剂多为有机缓蚀剂，具有极性基团，可被金属的表面电荷吸附，在整个阳极和阴极区域形成一层单分子膜，从而阻止或减缓相应电化学的反应。如某些含氮、含硫或含羟基的、具有表面活性的有机化合物，其分子中有两种性质相反的基团：亲水基和亲油基。这些化合物的分子以亲水基（例如，氨基）吸附于金属表面上，形成一层致密的憎水膜，保护金属表面不受腐蚀。牛脂胺、十六烷胺和十八烷胺等这些被称作"膜胺"

的胺类，就是常见的吸附膜型缓蚀剂。当金属表面为清洁或活性状态时，此类缓蚀剂成膜效果较好。但如果金属表面有腐蚀产物或有垢沉积时，就很难形成效果良好的缓蚀剂膜，此时可适当加入少量表面活性剂，以帮助此类缓蚀剂成膜。

缓蚀剂的吸附类型有静电吸附、化学吸附。静电吸附剂有苯胺及其取代物、吡啶、丁胺、苯甲酸及其取代物如苯磺酸等，化学吸附剂有氮和硫杂环化合物。有些化合物同时具有静电和化学吸附作用。此外，有些螯合剂能在金属表面生成一薄层金属有机化合物。近年来，有机缓蚀剂发展很快，应用广泛，但使用这些缓蚀剂也会有缺点，如可能污染产品，可能对生产流程产生不利影响等。

气相缓蚀剂多是挥发性强的物质，也属于吸附型缓蚀剂。它的蒸气被气体中的水分解产生出有效的缓蚀基团，吸附在金属表面使腐蚀减缓，一般用于金属零部件的保护、贮藏和运输。常见的有效气相缓蚀剂有脂环胺和芳香胺、聚甲烯胺、亚硝酸盐与硫脲混合物、乌洛托品、乙醇胺、硝基苯及硝基萘等。

由于缓蚀剂的缓蚀机理在于成膜，故能否迅速在金属表面上形成一层密而实的膜，是取得缓蚀效果的关键。为了迅速达到成膜效果，缓蚀剂的初始浓度应该足够高，等膜形成后，再降至只对膜的破损起修补作用的浓度；为了保证成膜的密实，成膜前应对金属表面进行化学清洗除油、除污和除垢。

4. 缓蚀剂用量

缓蚀剂应进行筛选及评价，目前缓蚀剂的用量依据标准 Q/SH 0247《川东北高含 $H_2S$ 气田集输管道腐蚀监测与控制设计技术要求》按照 $2.8 \times 10^4 m^3$ 原料气加注 1L 缓蚀剂对抗硫碳钢管道进行保护量进行计算，缓蚀剂最佳用量应根据缓蚀剂筛选评价结果确定。

5. 加注方式

缓蚀剂预膜和批处理采用清管装置。缓蚀剂连续加注点设在每口井加热炉前管道以及出站发球筒前管道，由缓蚀剂加注橇进行连续加注，采用雾化工艺以保证足够距离达到腐蚀控制的要求。药剂加注橇块装置包括药剂罐、双隔膜计量泵及其他辅助设备，满足站场防爆区的防爆要求。缓蚀剂储罐的高、低位及报警信号、紧急关断系统信号、流量监测信号等要接入 SCADA 系统进行监控。

（三）抗硫设备制造工艺要求（脱硫厂流程以前的设备和部件）

1. 锻造

经锻造的低合金钢和碳素钢零件、部件，应进行退火，或采用正火、淬火后随之采用高温回火。使钢材硬度低于 HR22。

2. 铸造

（1）用 ZG15 - ZG45 等碳素钢铸件，应进行退火处理，使其硬度低于 HR22。

（2）用 ZG35CrMo 低合金钢的铸件，应在淬火或正火后，在 620~650℃的的温度下回火。使其硬度低于 HR22。

3. 焊接

焊接包括手工焊、自动焊和电渣焊。

1）阀体、大小四通、头盖、法兰和各种采用碳钢和低合金钢制造的零部件，应尽量避免采用焊接结构。分离器、大型容器、各种壳体和必需采用焊接结构的零部件，焊接时应尽量避免未焊透气孔、夹渣、疏松、咬边等缺陷。

2）除金属表面堆焊硬质合金和不锈钢材料外，焊条组分和机械性能必须接近母材的组分和机械性能。除非另有规定，方可例外。

3）超过一定厚度的设备和某些部件，经焊接和补焊后，应整体进行高温回火。回火后的焊缝和母材的硬度均应低于 HR22。回火后的设备一般不得再行焊接和补焊，非得补焊者，必须进行局部回火。

4)采用 10#、15#、20#、A3、09MnV 钢做集气管线时，经生产证明，在常温下进行焊接，只要严格遵守焊接操作规程，焊缝可以不进行回火处理，但要尽量避免补焊。不得不补焊者，焊后应保温缓冷。具体要求参见《QSH0248 - 2008 高含硫天然气管道工程焊接施工及验收规范》。

5)钻井液中应加除硫剂(如加碱式碳酸锌)。

4. 冷作加工

设备和零部件经冲压、整形和其他冷作加工后，必须进行整体高温回火处理，使其硬度低于 HR22。

5. 热煨弯管

必须进行保温缓冷，使其硬度低于 HR22。

本章小结：本章主要介绍 $H_2S$ 对金属材料的腐蚀机理，介绍氢鼓泡、氢致开裂、硫化物应力腐蚀开裂和应力导向氢致开裂—氢脆等 4 种腐蚀方式的特点；同时阐述了金属材料、环境因素( $H_2S$ 含量、液态水、pH 值、温度等)等对 $H_2S$ 腐蚀的影响；介绍了含 $H_2S$ 气田腐蚀监测以及防腐措施：选用防止 $H_2S$ 腐蚀破坏的各种金属材料和非金属材料；选用缓蚀剂减缓金属电化学失重腐蚀；采用合理的结构和制造工艺。

**思考题**

1. $H_2S$ 对金属的腐蚀类型主要有哪些？

2. $H_2S$ 应力腐蚀开裂失效断口有哪些特征？

3. 含硫天然气对钢材腐蚀破坏的影响因素有哪些？其中环境因素包括哪些内容？

4. 含硫气田现行的防腐措施有哪些？

# 第三章　硫化氢防护设备

H$_2$S 有毒有害，所以在油气勘探开发现场准确地判明 H$_2$S 浓度，及时采取有效的防护措施，正确使用防护设备非常重要。本章包括监测设备和防护设备两部分。

## 第一节　监测设备

H$_2$S 监测设备种类非常多，现场使用广泛，其正确使用维护特别重要。

### 一、硫化氢的室内测定

为了较准确地掌握某一勘探区域天然气含 H$_2$S 的情况，为下一步施工防 H$_2$S 措施的制定打下基础，需要通过实际实验室方法来对天然气中 H$_2$S 含量进行准确测量。并由环境监测站等有关专业监测单位，在现场取样，进行分析、存档。

这种测定的依据主要是三个国家标准：

①GB/T11060.1—1998 天然气中 H$_2$S 含量的测定碘量法。

②GB/T11060.2—1998 天然气中 H$_2$S 含量的测定亚甲蓝法。

③GB/T18605.1—2001 天然气中 H$_2$S 含量的测定第 1 部分醋酸铅反应。

下面简单介绍碘量法的大致原理，仅供大家作一个简单的了解。

向一个已取 H$_2$S 样本的瓶里加入乙酸锌或氯化铬，使其发生化学反应生成硫化锌或硫化铬沉淀；再加入已知浓度的碘液，发生化学反应，利用单质碘的还原性比单质硫强的原理，将硫化锌或硫化铬中的硫置换出来。由于反应消耗了碘，只需测出反应后碘的浓度，就可测出原 $H_2S$ 样本中 $H_2S$ 的含量。

### 二、监测仪器的分类

在油气施工现场 $H_2S$ 检测仪器种类很多，分类方式也很多，我们可以按检测仪的使用场所、被检定介质、检测原理、是否便于携带等多种方式来对其进行分类：

按使用场所可分为环境 $H_2S$ 监测仪、在线 $H_2S$ 监测仪。

按被检定介质可分为单一 $H_2S$ 检测仪、复合式 $H_2S$ 检测仪器。

按检测原理可分为电子式 $H_2S$ 监测仪、碘量法 $H_2S$ 监测仪、醋酸铅式 $H_2S$ 监测仪。

按是否便于携带可分为便携式和固定式。

按是否防爆可分为常规型和防爆型。

按功能可分为气体检测仪、气体报警仪和气体检测报警仪。

按采样方式可分为扩散式和泵吸式等等。

下面按照使用场所这种分类方式对现场上常用的 $H_2S$ 检测仪加以介绍。

### 三、现场常用硫化氢监测仪

作业现场常用的 $H_2S$ 检测仪有比色管式 $H_2S$ 监测法，醋酸铅试纸，在线监测仪，电子式监测仪等。

#### (一)比色管式硫化氢监测法

显色长度检测仪也称作比色管检测仪，指特殊设计的泵及带有检测管的比色指示剂试管探测仪。吸附在硅胶上的醋酸铅能和 $H_2S$ 气体迅速反应，生成褐色的硫化铅，利用这一反应制成比长式检测管定量测定 $H_2S$ 的即时浓度。此方法一直是应急事故中气体检测的基本部分，如图3-1、图3-2所示。

图 3-1　使用的吸入式泵　　　图 3-2　使用的玻璃比色管

1. 检测管的构造

H₂S 气体比色检测管是在一个固定长度和内径的玻璃管内，装填一定量的醋酸铅检测剂，用塞料加以固定，再将玻璃管两端熔封。使用时将管子两端割断，让含有 H₂S 的气体定量地通过管子，H₂S 即和管中醋酸铅发生定量化学反应，部分醋酸铅被染色，其染色长度与 H₂S 浓度成正比，从检测管上的刻度即得知 H₂S 气体的浓度。检测剂能与 H₂S 发生化学反应并可使改变颜色的醋酸铅吸附在固体载体颗粒表面上加工而得的检测管，其反应原理如：$H_2S + Pb(AC)_2 = PbS \downarrow + 2HAC$，颜色变化为：白色→棕褐色。

当被测气体中含有 H₂S 通过检测管时，与吸附在载体上的醋酸铅产生棕褐色染色段，染色段长度与 H₂S 含量成正比例，检测管的化学反应原理与常用的化学分析反应原理基本相同，检测管法只是将化学分析中的所谓"液态反应"转移到固体表面上进行的。如图3-3所示。

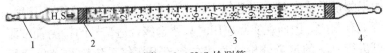

图 3-3　$H_2S$ 检测管

1，4—封口尖端；2—塞填料；3—指示层

2. 检测管法的使用特点

这种比色检测仪由一个抽吸装置和一个装有硅胶和醋酸铅颗粒带标度的玻璃试管组成，样气中所含的 $H_2S$ 体积一定量，$H_2S$ 的含量越高，检测管变黑的长度就越长，可以从检测管刻度上读取 $H_2S$ 的浓度。$H_2S$ 气体检测管主要技术参数见表 3-1。

表 3-1　$H_2S$ 气体检测管主要技术参数表

| 检测管名称 | 型号 | 化学分子式 | 测定范围 | 反应前后颜色变化 | 采样体积/mL | 送气时间/s | 有效期/a |
|---|---|---|---|---|---|---|---|
| $H_2S$ | 一 | $H_2S$ | 0.0001% ~ 0.012% | 白色→褐色 | 100 | 100 | 2 |
| | 二 | | 0.001% ~ 0.1% | | 50 | 50 | |
| | 三 | | 0.01% ~ 0.5% | | 50 | 50 | |

①操作简便。用检测管测定气体浓度时，一般也无需进行计算。工作步骤仅有采样和结果显示两步，而这两步又几乎是同时进行的，这就为专业分析人员提供了极大方便，即使对没有分析基础知识的人，只要参照使用说明或对其稍加指导就可以应用。

②分析快速。由于操作简便，可使每一次样品分析所需时间大为缩短，一般仅需几十秒至几分钟即可得知分析结果，其分析速度是任何化学分析方法所不能比拟的。

③可信度高。气体检测管含量标度的确定是模拟了现场分析条件，采用不同浓度标准气标定的，因而克服了化学分析中易带入的方法误差。因为气体检测管是工业化生产，加之操作简单，

使用时人为误差也易克服。

④适应性好。$H_2S$ 气体检测管成为系列产品后，$H_2S$ 气体的测量范围可由几个 ppm，甚至零点几个 ppm 到百分之几十，短管用来测量低浓度 $H_2S$ 样品气，长管用来测量高浓度 $H_2S$ 样品气，管上有刻度。因而在实际应用时只要选择合适型号的检测管，即可进行 $H_2S$ 的定量分析，尤其在含硫天然气采集输与净化分析等，不同工序其含量有很大波动，而检测管法由于测量范围宽，特别适合现场检测需要，对不具备化学分析条件的地方更为适用。

由于用检测管进行测定时现场使用安全，气体检测管在使用时不需维护、价格低廉、携带方便也是其他方法不可比拟的。

3. 检测管法的局限性

比色管只能提供"点测"，它们无法提供定量分析以及连续的警报，只用一个检测管无法提供给操作者一个危险状况的警报；"点测"的本质更易于发生测量错误。比色管的响应比较慢，它们大概需要几分钟而不是几秒钟给出结果；比色管最好的测量精度大约是 25%，此时如果实际浓度是 100ppm，管的读数可能在 75～125ppm 之间。管的读数更倾向于间断采样；废弃的比色管容易产生玻璃和化学污染；用户需要大量储备比色管以备使用，同时，比色管还可能存在过期的问题。

比色管使用操作：

1) 需要准备的工具与材料：比色管；专用抽气筒；$H_2S$ 气体 300mL。

2) 操作步骤为：

①用抽气筒，一次采气样 100mL。

②把测定管两侧打开，按测定管指示方向插入气筒口。

③将抽气筒中气样用 100mL/min 的速度注入测定管。

④由变色柱或变色环上所指出的高度可直接从测定管上读出 $H_2S$ 气体的含量。

3）技术要求：抽气筒保持清洁；采气要一次完成，并注意安全；读 $H_2S$ 气体含量时要正对变色柱或变色环。

(二) 醋酸铅试纸法

醋酸铅试纸的制作是将滤纸浸于醋酸铅 $[Pb(CH_3COO)_2]$ 溶液中，取出放在不含 $H_2S$ 的干净空气中自然晾干后就是醋酸铅试纸。主要用于检验 $H_2S$ 气体的存在。润湿的醋酸铅试纸遇到 $H_2S$ 气体时，产生硫化铅。其原理与检测管法相同。有醋酸铅的指标纸与 $H_2S$ 作用产生褐色的硫化铅沉积在指示纸上，把指示纸的颜色与标准比色板相比较，确定 $H_2S$ 的浓度。白色的试纸立即变黑，化学方程式是：$Pb(CH_3COO)_2 + H_2S = PbS\downarrow + 2CH_3COOH$，保存醋酸铅试纸检验 $H_2S$ 气体，非常灵敏。醋酸铅在干燥空气中能风化，醋酸铅试纸露置空气中因吸收 $CO_2$ 而表面生成白色的碱式碳酸铅，因此必须把试纸保存在密封、干净的广口试剂瓶里。使用时要用干净的镊子夹取。试纸用水润湿后要立即悬放在盛放 $H_2S$ 气体的容器中。如图 3-4 所示。

图 3-4　醋酸铅试纸

使用指标纸时，先将其夹在采样夹上，以 $1L/min$ 的速度采样，采完规定体积的气样后，将指示纸折成半圆形，放在标准比色板的相应色阶上比较，得到 $H_2S$ 的含量。然后与采样体积相除

得到气样中 $H_2S$ 的体积分数。指标纸与气样接触面积的直径小，测定灵敏度高；直径大，灵敏度低。

（三）在线硫化氢浓度监测仪

在采集输气站、脱硫车间等还经常用到通用型 $H_2S$ 在线分析仪，用于对管道输送或容器中净化处理的介质气体 $H_2S$ 动态检测，达到对介质气体的实时动态把握。如图3-5所示。

图3-5　在线 $H_2S$ 检测仪

$H_2S$ 在线分析仪专用于 $H_2S$ 测试，是基于特有的和无干扰的醋酸铅纸带法，含有 $H_2S$ 的被分析气体经特精确的压力和流量调节，经增湿后，进入到含有醋酸铅纸带的样品池，$H_2S$ 和醋酸铅反应生成硫化铅在纸带中呈褐色斑点，褐色斑点的密度与样气中的 $H_2S$ 含量成正比，其颜色深浅反应 $H_2S$ 的浓度，通过光电二极管检测纸带变暗的平均速率，经微处理器进行数据处理产生数字和模拟讯号输出 $H_2S$ 含量。

（四）电子式硫化氢监测仪

电子式硫化氢监测的是在作业现场使用最广的一种 $H_2S$ 监测仪器。主要采用敏感电子元件和环境中与 $H_2S$ 接触后电阻值的变化来确定 $H_2S$ 的浓度。电子监测仪是一种先进的 $H_2S$ 检测仪器，这种仪器近年发展很快，出现了多种电子监测仪。这种仪器具有反应灵敏，适用范围广，可以检测出任意浓度的 $H_2S$，同时立即显示浓度，并按预设的值进行报警。

1. 电子式硫化氢检测仪的分类

现场广泛使用的电子式 $H_2S$ 监测仪可分为便携式和固定式两种。

（1）便携式硫化氢监测仪

便携式 $H_2S$ 监测体积一般很小，携带方便，由操作人员进入危险区时随身携带。如图3-6所示。

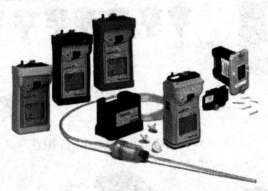

图3-6　便携式 $H_2S$ 监测仪

在危险场所应配带便携式 $H_2S$ 监测仪，用来监测不固定场所 $H_2S$ 的泄漏和浓度变化。当 $H_2S$ 的浓度可能超过在用的监测仪的量程时，应在现场准备一个量程达 1000ppm 的监测仪器。

（2）固定式硫化氢检测仪

固定式 $H_2S$ 检测仪主要由主机、$H_2S$ 探头以及信号传输线组成。它固定安装在油气施工现场 $H_2S$ 容易泄漏的地方，24h 固定连续地对危险区 $H_2S$ 浓度进行检测。分别如图 3-7 ~ 图 3-9 所示。

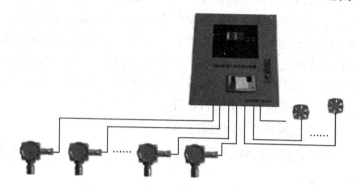

图 3-7　钻井测试用固定式 $H_2S$ 监测仪

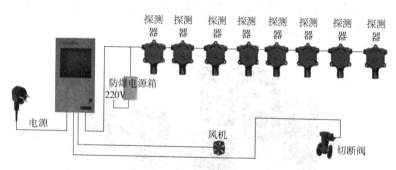

图 3-8　集输净化用固定式 $H_2S$ 监测仪

无显示探头　　　　　有显示探头　　　　　高温型探头

图 3-9　几种不同类型的固定式探头

现场需要 24h 连续监测 $H_2S$ 浓度时，应采用固定式 $H_2S$ 监测仪，用于监测现场中 $H_2S$ 容易泄漏和积聚场所的 $H_2S$ 浓度值，探头数可以根据现场气样测定点的数量来确定。监测仪探头置于现场 $H_2S$ 易泄漏区域，主机可安装在控制室。

2. 电子监测仪的工作原理

$H_2S$ 气体通过一个带孔眼的金属罩扩散进入传感器内，与热敏元件的表面发生作用，使传感器的电阻按照 $H_2S$ 的总量等比例地减小，然后经信号放大器将电信号放大，并转换为 $H_2S$ 的浓度显示在仪表上。同时，传感器还将信号输入报警电路，当 $H_2S$ 达到预先调节的报警值时，视觉和听觉警报器报发出警报信号。

3. 电子式硫化氢检测仪报警浓度的设置

按现行行业标准，现场 $H_2S$ 检测仪报警浓度设置一般应有三级，其各级浓度设置为：

第一级报警值设置为阈限值 $15mg/m^3$（10ppm）。

第二级报警值设置为安全临界浓度 $30mg/m^3$（20ppm）。

第三级报警值设置为危险临界浓度 $150mg/m^3$（100ppm）。

有些企业标准高于此标准，在其区域内作业应执行其相关规定。

要求第三级报警信号应与第二级报警信号有明显区别，警示立即组织现场人员撤离。

4. 电子式硫化氢检测仪的性能要求

$H_2S$ 监测仪的性能应满足表 3-2 所确定的要求。

表 3-2　$H_2S$ 监测仪应满足的参数

| 参数名称 | 固定式 | 携带式 |
|---|---|---|
| 监测范围/$(mg/m^3)$(ppm) | $0 \sim 150$(100) | $0 \sim 150$(100) |
| 显示方式 | 3½液晶显示(ppm 或 $mg/m^3$)或信号传送 | 3½液晶显示(ppm 或 $mg/m^3$) |

| 参数名称 | 固定式 | 携带式 |
|---|---|---|
| 监测精度/% | ≤1 | ≤1 |
| 报警点/(mg/m³) | 0~150 连续可调 | 0~150 连续可调 |
| 报警精度/(mg/m³)(ppm) | ≤5(3.3) | ≤5(3.3) |
| 报警方式 | (1)蜂鸣器；(2)闪光 | (1)蜂鸣器；(2)闪光 |
| 响应时间/s | T50≤30(满量程50%) | T50≤30(满量程50%) |
| 电源 | 220V，50Hz(转换成直流) | 干电池或镍镉电池 |
| 连续工作时间/h | 连续工作 | ≥1000 |
| 传感器寿命/年 | ≥1(电化学式)<br>≥5(氧化式) | ≥1(电化学式) |
| 工作温度/℃ | -20~55(电化学式)<br>-40~55(氧化式) | -20~55(电化学式)<br>-40~55(氧化式) |
| 相对湿度/% | ≤95 | ≤95 |
| 校验设备 | 配备标准样品气 | 配备标准样品气 |
| 安全防爆性 | 本安防爆 | 本安防爆 |

$H_2S$ 监测仪使用前应对下列三个主要参数进行测试：满量程响应时间、报警响应时间和报警精度。

5. 电子式硫化氢检测仪的校验

电子式 $H_2S$ 监测仪使用过程中要定期校验。固定式 $H_2S$ 监测仪一年校验一次，携带式 $H_2S$ 监测仪半年校验一次。

电子式 $H_2S$ 检测仪在超过满量程浓度的环境使用后应重新校验。

极端湿度、温度、灰尘和其他有害环境的作业条件下，检查、校验和测试的周期应缩短。极端湿度是指相对湿度大于95%的情况；极端温度是指低于-20℃、高于55℃(电化学式)或低于-40℃、高于55℃(氧化式)。

监测设备应由有资质的机构定期进行检定，除有资质的校验和检定机构外，生产厂家也具备监测仪的校验和检定资格；检查、校验和测试应做好记录，并妥善保存，保存期至少1年，这是我国目前含 $H_2S$ 油气田的做法。

$H_2S$ 检测设备警报的功能测试至少每天一次。

以下情况应更换所使用的检测仪：仪器探头保护模损坏；仪器外壳机械性损坏；电池电量预报警或不足；出现寿命报警字样；仪器故障报警；仪器不正常自动开关机；仪器不正常显示、报警；开关机无报警提示音；不能正常显示一级或二级报警示值、、开机不是显示零刻度；超量程使用过后；使用过程中的不正常情况。

# 第二节 防护设备

在 $H_2S$（或 $SO_2$）浓度较高或浓度不清的环境中作业，不应采用空气净化呼吸器（如防毒面具）及负压式呼吸设备（如负压式空气呼吸器），应该使用带全面罩的正压式呼吸保护设备，为人们提供一个安全可靠的呼吸保护。确因条件特殊，正压式呼吸保护设备数量有限，且 $H_2S$ 浓度准确测定小于 $50mg/m^3$ 时，可慎重使用过滤式防毒设备（如防毒面具），使用条件可参照 GBZ/T259—2014 执行。

个人防护设备的种类包括呼吸防护（细分为过滤式呼吸设备与隔绝式呼吸设备）和身体防护（细分为防护服和部位身体防护，如头部防护，眼部防护，手防护，脚防护等）。其中过滤式呼吸防护设备使用依赖于环境空气，隔绝式呼吸防护设备使用不依赖于环境空气。隔绝式呼吸防护包括闭路式呼吸器与开路式呼吸器（包括自给式压缩空气呼吸器、移动式供气系统与自给式压缩空气逃生器三种），呼吸防护设备的选择依据危险物质的特性，是否缺氧，有毒物浓度，职业暴露极限，选择什么呼吸设备。呼吸防护设备的选择标准依据环境因素，防护目的，使用时间，所选用的呼吸防护设备就不同，如逃生、自救，救护短时间作业，长时间作业等。隔绝式呼吸防护包括正压式空气呼吸器，紧急逃生呼吸器，移动供气源，供气系统。其空气的消耗影响因素有使用者的体重、肺活量，工作性质（负重、爬高等），工作环境（高温、高湿等），使用者的情绪、精神状态以及不定因素等。

防护设备包括正压式空气呼吸器，空气压缩机与其他防护设备三部分。

**一、正压式空气呼吸器**

正压式空气呼吸器是含硫作业环境广泛使用的防护设备，其正确使用维护非常重要。

（一）空气呼吸器的类型

空气呼吸器是一种自给开路式压缩空气呼吸保护器具，根据不同分类可定义为各种不同类型的空气呼吸器。

按照使用时面罩内压力状况来分，可分为负压式空气呼吸器和正压式空气呼吸器。

（二）正压式空气呼吸器的组成

正压式空气呼吸器主要由压缩空气瓶、背板、面罩、一些必要的配件（如高压减压阀、供气阀、夜光压力表）等组成。如图图3-10所示。

（三）正压式空气呼吸器的工作原理

正压式空气呼吸器属自给式开路循环呼吸器，它是使用压缩空气的带气源的呼吸器，它依靠使用者背负的气瓶供给所呼吸的气体。

气瓶中高压压缩空气被高压减压阀降为中压 0.7MPa 左右输出，经中压管送至需求阀，然后通过需求阀进入呼吸面罩，吸气时需求阀自动开启供使用者吸气，并保持一个可自由呼吸的压力。呼气时，需求阀关闭，呼气阀打开。在一个呼吸循环过程中，面罩上的呼气阀和口鼻上的吸气阀都为单方向开启，所以整

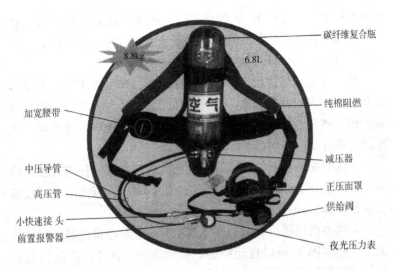

图 3-10　RHZKF 型空气呼吸器示意图

个气流是沿着一个方向构成一个完整的呼吸循环过程。

(四)正压式空气呼吸器的使用

正压式空气呼吸器虽然能保障大家的安全,但如果使用不当也可能带来人身伤害。使用者在使用前应接受关于正压式呼吸器的限制和正确使用正压式空气呼吸器方法的指导和培训。对执行含硫油气井有关作业任务需使用正压式空气呼吸器的人员应进行定期检查和演练,以使其生理和心理适应这些设备。含硫油气井钻井作业之前,应确认作业人员的身体状况良好并熟悉正压式空气呼吸器的使用方法。

空气呼吸器使用时具体操作步骤如下:

1. 使用前的必要辅助工作及检查测试

整个时间控制在 5min 以内,具体检查内容有以下 4 方面:整体外观检查;测试气瓶的气体压力;连接管路的密封性测试;报警器的灵敏度测试。

整体外观检查。检查高压管路,中压管路是否连接可靠,全面罩视窗有无破裂，固定是否可靠，面罩密封周边有无老化破裂，检查减压阀手轮与气瓶连接是否紧密，气瓶固定带固定是否牢靠，气瓶上的碳纤维或玻璃纤维是否有损坏。

测试气瓶的气体压力。装好气瓶以后，确保需求阀放置于待机状态，至少松开气瓶阀一圈，等压力表的读数稳定后，检查气瓶中的气体是否装满，气体装满时气压应为30MPa，通常要求气瓶压力应在28~30MPa。

连接管路的密封性测试，把气瓶的阀门拧紧，仔细观察气压表上的读数在1min之内的减小不能超过1MPa，否则空气呼吸器就需要维修。

报警器的灵敏度测试。呼吸器配有一个专用报警器，当压力低于5~6MPa时可以自动报警，提醒充气，在使用之前应检查空气呼吸器的报警装置是否完好。检查时在气瓶阀关掉的情况下缓慢泄掉连接管路中的气体余压，当压力低于设定的报警压力时（约5~6MPa），报警器不断发出报警声。如果气体压力增加，报警声马上就停止。报警器是经过检验的，如果出现压力太高、太低报警或不报警等情况，请及时送维修。

2. 佩戴空气呼吸器的步骤

准备工作做好以后，佩戴工作如下：

首先把需求阀放置待机状态，将气瓶阀打开（至少拧开两整圈以上），弯腰将双臂穿入肩带，双手正握抓住气瓶中间把手，缓慢举过头顶，迅速背在身后，沿着斜后方向拉紧肩带，固定腰带，系牢胸带。调节肩带、腰带，以合身、牢靠、舒适为宜。如图3-11所示。

背上呼吸器时，必须用腰部承担呼吸器的重量，用肩带做调节，千万不要让肩膀承担整个重量，否则，容易疲劳及影响双上肢的抢险施工。为防止背负气瓶的方向错误，正握抓住气瓶把手时要求双手虎口朝向与气瓶阀手轮方向一致。

再将内面罩朝上，把面罩上的一条长脖带套在脖子上，使面

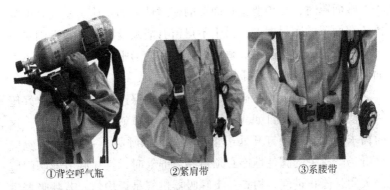

①背空呼气瓶　　　②紧肩带　　　③系腰带

图 3-11　背上空呼气瓶

罩挎在胸前，再由下向上带上面罩。双手密切配合，收紧面罩系带，切记不可将面罩系带收得太紧，以使全面罩与面部贴合良好，无明显压痛为宜。立即用手掌堵住面罩进气口，用力吸气，面罩内产生负压，这时应没有气体进入面罩，表示面罩的气密性合格。如果漏气，移动一下头面部与面罩充分接触，让密封垫紧贴在脸上，适当收紧面罩系带，重复上述气密性测试。如图 3-12 所示。

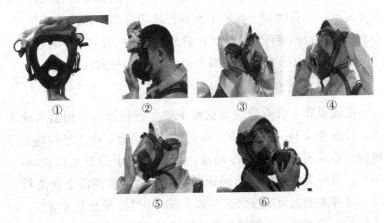

①　　　②　　　③　　　④

⑤　　　⑥

图 3-12　戴面罩、检测密封

戴面罩时，必须要检查面罩的密封性，不要让头发或其他物体压在面罩的密封框上，男士不得留有胡须及络腮胡，否则对使用者本人构成安全隐患。普通的眼镜和隐形眼镜不能戴在面罩下面。有专用的面罩供戴眼镜的人使用。

然后对好需求阀与面罩快速接口并确保连接牢固，固定好压管以使头部的运动自如。先用力吸气，面罩就会紧贴在脸上，这时需求阀就会自动打开处于正压状态。深呼吸 2 ~ 3 次，感觉应该舒畅。有关的阀件性能必须可靠，屏气时，供气调节器阀门应该关闭，停止进气，检查一下呼吸器供气是否均匀。若呼吸器供气不均匀或其他一些有碍使用者正常呼吸时，应及时处理；若呼吸器供气均匀即可投入正常抢险使用。

如果在使用合格空气呼吸器的过程中报警器发出报警气笛声，使用者一定要立即离开危险地区，因为此时气瓶所剩的气体压力已降至 5 ~ 6MPa，气瓶还能供气 6 ~ 10min，只可满足使用者撤离作业现场的空气供给。

最后，一定在确保周围的环境空气很安全时才可以脱下呼吸器；把需求阀放于待机状态，并迅速将它与面罩快速接口断开，松开面罩上所有的带子并取下面罩，将面屏朝上扣放合适位置。小心松开腰带和肩带，左手抓着肩带，右手抓着把手，轻轻放下呼吸器以免摔坏，关闭气瓶阀手轮，泄掉连接管路内余压。

**3. 空气呼吸器使用后的清洗和消毒**

把面罩放入含有清洗剂的水中整个进行清洗，用温水洗干净，挂起来风干；水用溶解 2% 的消毒液消毒。由于组件均是用橡胶、合成树脂和金属等制成，所以清洗水的温度应在 40 ~ 50℃，消毒液要确保不会同橡胶反应。为了能使需求阀洗得干净，通常要把上面橡胶保护圈拿下来用中性洗剂及温水清洗，用柔软的干布清洁整个阀体。清洁以后再把保护圈装好。整个的清洁过程都要用手去完成，不需要使用任何工具。由于涉及一些阀的部件的清洁，要非常小心，应由训练有素的专人负责。呼吸器的其他部件应该经常定期地清洁和消毒；清洁设备应用温水和中性洗涤剂清洗，冲干净，风干。使用结束后，将呼吸器恢复原状，装入特定包装箱内。

(五)正压式空气呼吸器的维护保养

个人呼吸设备的放置位置应便于使用时能够快速方便地取得。呼吸设备应存放在干净卫生的地方，其库房条件温度为 0 ~ 35℃，湿度为 70% 以下。每次使用前后都应对所有呼吸设备进行检测，并至少每月检查一次，以确保设备维护良好。每月检查结果的记录，包括日期和发现的问题，应妥善保存。这些记录宜至少保留 12 个月。

空气呼吸器的检查分为例行检查和定期检查。

1. 空气呼吸器的例行检查

例行检查主要分为购买后、使用前检查以及使用后检查两方面。

空气呼吸器购买后和使用前，应进行下列检查：检查面罩、中压供气管、气阀与头部系带是否有破损：背带、腰带完好、有无断裂现象；检查气瓶是否有物理损伤；检查气瓶压力余气报警器；开启气瓶阀检查贮气压力，低于 28MPa 的不允许使用；气瓶与支架及各部件联接牢固，管路密封良好；气瓶压力表工作正常，联接牢固；气瓶压力一般为 28 ~ 30MPa，若压力低于 28MPa 时，必须充气。戴好面罩，使面罩与面部贴合良好，面部应感觉舒适，无明显压痛。深呼吸 2 ~ 3 次，对消防空气呼吸器管路进行气密性能检查；气密性能良好，打开气瓶阀，人体能正常呼吸方能投入使用。

2. 空气呼吸器的定期检查

定期检查主要包括了空气呼吸器配件整体检查、气瓶检查、整机气密性检查、余气报警检查以及供气阀和面罩的匹配检查。空气呼吸器的整体检查包括要检查面罩的视窗、系带、密封圈、呼气阀、吸气阀、供气阀等部件应完整，连接正确可靠，清洁无污垢。

气瓶外观检验时有下列情形的应予以报废：瓶体表面有灼烧痕迹，或发生严重变形（鼓包、膨胀、凹陷等）；瓶体外表面损伤深度一处超过 1mm 或多处超过 0.7mm；瓶口螺纹损伤或严重腐蚀。

整机气密检查：打开气瓶阀，待高压空气充满管路后关闭气瓶阀，观察压力表变化，1min 内压力表数值下降不应超过 2MPa，超过 2MPa 的为不合格。

余气报警器检查：打开气瓶阀，待高压空气充满管路后关闭气瓶阀，观察压力变化，当压力表数值下降至 5.5MPa ± 0.5MPa 时，应发出报警音响，并连续报警至压力表数值"0"位为止。不符合此标准为不合格。

供气阀和面罩的匹配检查：正确佩带消防空气呼吸器后，打开气瓶阀，在呼气和屏气时，供气阀应停止供气，没有"咝咝"响声。在吸气时，供气阀应供气，并有"咝咝"响声。反之应更换全面罩或供气阀。

3. 检查、维护空气呼吸器的相关规定

空气呼吸器的高压、中压压缩空气不应直吹人的身体；拆除阀门、零件及脱开快速接头时，应先释放气瓶外系统内的压缩空气；非专职维修人员不允许调整空气呼吸器减压阀、报警器和中压安全阀的出厂压力值；操作人员在用压缩空气吹除空气呼吸器的灰尘、粉屑时应戴护目镜和手套；气瓶压力表应每年校验一次；气瓶充气不能超过额定工作压力；不准将 30MPa 压力的气瓶连接最高输入 20MPa 压力的减压器上；不准混用正压空气呼吸器和负压空气呼吸器的供气装置等配件；不准使用已超过使用年限的零部件；空气呼吸器的气瓶不允许充填氧气，也不允许向气瓶充填其他气体、液体；空气呼吸器的密封件和少数零件在装配时，只允许涂少量硅脂，不允许涂其他油脂。不得随意改变面罩和气瓶之间的搭配。

(六)正压式空气呼吸器使用条件及时间要求

当环境空气中 $H_2S$ 浓度超过 $30mg/m^3$(20ppm)时，应佩带正压式空气呼吸器，正压式空气呼吸器的有效供气时间应大于30min。正压式空气呼吸器能使用多长时间这是很多使用者关注的问题。其使用时间与气瓶的容积、气瓶里气体的压力以及佩戴者的劳动强度及肺活量有关，准确的使用时间可根据以下公式来进行计算。

$$t = 10PV/q_v \qquad (3-1)$$

式中　$t$——使用时间，min；

　　　$V$——气瓶容积，L；

　　　$P$——气瓶压力，MPa；

　　　$q_v$——耗气量，L/min。

正压式空气呼吸器气瓶的容积在气瓶上有标示，气瓶内气体的压力可通过正压式空气呼吸器上压力表的读数显示，佩戴者的耗气量可参考表3-3。

表3-3　不同劳动强度下消耗空气量

| 劳动强度 | 空气消耗量/(L/min) |
|---|---|
| 轻 | 15～20 |
| 低强度 | 20～30 |
| 中强度 | 30～40 |
| 高强度 | 40～50 |
| 极度 | 50～80 |

例：以现场常用的正压式空气呼吸器气瓶容积为6.8L，充气压力30MPa为例（假设佩戴者为高强度劳动强度，耗气量为50L/min）该空气呼吸器能使用多长时间？

$$t = 10 \times 6.8 \times 30/50 = 40.8(\text{min})$$

## 二、空气压缩机

正压式空气呼吸器气瓶的压缩空气需要专用的充气工具充入，空气压缩机就是用来为气瓶充压缩气的。作为一种压缩气体提高气体压力或输送气体的机器，将自由状态下的空气，压缩至表压为33MPa的压缩空气，该空气流经机组中的分离器与过滤器后，脱除了含在高压空气中的油分和杂质，使排出的气体清洁无味，是值得信赖可靠的呼吸空气和高压气源供给系统。在使用高压压缩空气机油水分离器时，一旦当压缩机泵出气体有油烟味道或者排污排出恶臭气味或者颜色不是乳白而是棕黑时必须及时换用。便携式空气压缩机和车载式大功率空气压缩机分别如图3-13、图3-14所示。

图3-13　便携式空气压缩机

图3-14　车载式大功率空气压缩机

### （一）空气压缩机的分类

空气压缩机通常可分为汽油发动机型（图3-15）和电动发动机型（图3-16）两大类。

## 1. 汽油发动机型空气压缩机(图 3-15)

图 3-15 采用汽油发动机的压缩机装置

1—充灌用软管；2—消音器；3—进气滤芯(汽油机)；4—油箱；5—调速杆；
6—风门(汽油机)；7—起动器；8—发动机开关；9—带终压压力计的充灌阀；
10—终压安全阀；11—中央过滤器组件；12—保压阀；13—冷凝水排放阀

## 2. 电动发动机型空气压缩机(图 3-16)

电动发动机型空气压缩机根据交流电使用又可分为两相和三相两种类型。

### (二)空气压缩机充气注意事项

1)使用前必须检查润滑油量，必要时更换润滑油。

2)空气压缩机必须水平放置，倾角不能超过5°。

3)汽油压缩机不能在室内使用，因为汽油压缩机要排放烟气和有害的蒸气，会影响进入空气瓶的气体的质量。

4)不能在明火附近使用压缩机，使用时压缩机上不允许有任何覆盖物，保持良好的散热。

5)定期地排出冷凝水。

图 3-16 采用电动发动机的压缩机装置

1—充灌用软管；2—带终压压力计的充灌阀；3—终压安全阀；4—中央过滤器组件；
5—保压阀；6—油尺/接管嘴；7—进气过滤器；8—驱动发动机

6）空气压缩机不适用于压缩氧气，如果一台润滑油压缩机供纯氧或含氧量高于21%的气体就会发生爆炸。

7）确保吸入压缩机的空气纯净。要想能保障操作人员的安全，首先要确保吸入压缩机的空气纯净。在空气压缩机压缩过程中，污染物主要为水分、油雾或油气、$CO/CO_2/NO_x$、异味以及微粒；其中水分主要来自于因温度变化而凝结的水蒸气，油雾或油气来自于空气污染或空压机的润滑油，$CO/CO_2/NO_x$ 来自于空气污染或润滑油作用过久，异味来自于空气污染，微粒来自于空气污染或空压机的磨损或管路脏污。要想保证吸入空压机空气纯净，一要避免污染的空气进入空气供应系统；二要依照制造商的维护说明定期更新吸附层和过滤器。一氧化碳是压缩空气中最危险的污染物。人体呼吸空气的标准中，一氧化碳的含量以10ppm

为上限，应极力避免过高含量为宜。对于机油润滑的压缩机，应使用一种高温或一氧化碳警报，或两者皆备，以监测一氧化碳浓度。

空气呼吸器和正压供气系统的气质应符合表3-4的规定。

表3-4　空气呼吸器和正压供气系统出气气质

| 氧气含量/% | 一氧化碳/($mg/m^3$) | 二氧化碳/($mg/m^3$) | 油分/($mg/m^3$) |
| --- | --- | --- | --- |
| 19.5~23.5 | <15 | <1500 | <7.5 |

8) 充气过程中不能中断超过10min，以避免二氧化碳含量超过允许值。

### 三、其他防护设备

其他防护设备主要分为空气呼吸站，移动式长管呼吸器，送风式长管呼吸器，防毒庇护舱，逃生空气呼吸器，防毒面具，全密封气密型防化服，防爆充气箱等。

#### (一) 空气呼吸站

多人长时间在含硫环境中工作时应建立正压供气系统（空气呼吸站）。空气呼吸站主要组成有：气瓶组、空气压缩机、减压阀、压力表、拖车、软管、空气分配器、面罩、调节器等。

空气呼吸器的组成如图3-17所示。

空气呼吸站是可以同时供多人使用的一种空气呼吸装置，假如操作者比较分散时，这种装置使用就不太方便。在我国石油天然气行业，当工作环境 $H_2S$ 浓度超过 $30mg/m^3$ 或浓度不清的情况下，工作人员的个人人身安全防护就主要依靠便携式正压式空气呼吸器，以下简称为正压式空气呼吸器。

#### (二) 移动式长管呼吸器

移动式长管呼吸器为在危险气体生产区长时间生产作业的人员和在缺氧、充满有毒有害气体环境中的抢险救灾人员提供呼吸保护，由移动气源车和逃生应急气瓶组成，配有2套呼吸面罩，

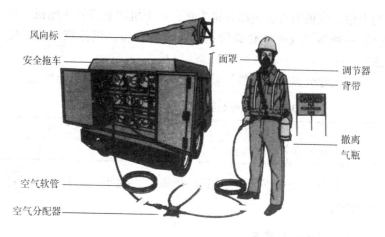

图3-17 空气呼吸站示意图

可供2人同时使用，依据气瓶在气源车的摆放姿势分为立式和卧式两类。如图3-18所示。

图3-18 立式和卧式长管呼吸器

1. 移动式长管呼吸器结构特点

1) 移动供气源有多只气瓶，气瓶与减压器之间由单向阀控制，高压气源不会在气瓶间产生倒灌回流，气瓶可单只也可同时供气，视具体需要自由确定。每个气瓶有一个泄压阀，可泄去高压管内的高压气体，便于更换气瓶，但不会泄下减压器输出端的低压气体和其他气瓶内的气体。

2）移动气源配有30m供气管1根，10m供气管2根，最大迭加长度为50m。30m管上配有Y型三通一只，移动气源供气时间长，可以供两个人员同时使用移动气源的压缩空气。

3）移动气源与逃生气瓶通过腰间阀进行组合，正常状态下直接使用移动气源的气体。发生紧急情况需要迅速撤离现场时，可打开逃生气瓶阀，并向安全地带撤离。

**2. 移动式长管呼吸器使用方法**

取出专用腰带、背带，根据佩戴者的体型，适度调整腰带、背带，使腰间阀、逃生瓶的位置在人体腰部两侧（注意腰间阀的方向，快速插座应朝上方），以佩戴舒适、不妨碍手臂活动为宜。先将移动气源供气管上的快速插座由下向上插到腰间阀的快速插头上，再将面罩－供气阀的插头插到腰间阀的快速插座上，也可在未佩戴腰背带之前将移动气源和面罩的接头直接先接在腰间阀上。打开移动气源的气瓶阀，戴上呼吸面罩，呼吸自如后方可进入工作现场。如两人同时使用，应等两人全部完全佩戴好后一同进入工作现场，并注意保持距离和方向，防止发生相互牵拉供气管而出现意外。如图3－19所示。

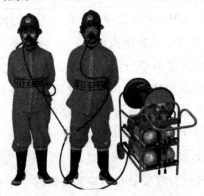

图3－19　两人用长管呼吸器

### 3. 移动式长管呼吸器使用注意事项

1) 长管呼吸器的使用人员应经充分培训后方可佩戴使用。在使用前应先检查各气源压力是否满足工作压力要求，并严格例行佩戴检查，发现呼吸器、移动气源、逃生气源出现故障或存在隐患不得强制投入使用。在使用过程中，如感觉气量供给不足、呼吸不畅、或出现其他不适情况，应立即撤出现场，或打开逃生气源撤离。

2) 使用过程中，应妥善保护长管呼吸器移动气源上的长管，避免供气长管与锋利尖锐器、角、腐蚀性介质接触或在拖拉时与粗糙物产生摩擦，防止戳破、划坏、刮伤供气管。如不慎接触到腐蚀性介质，应立即用洁净水进行清洗、擦干，如供气长管出现损坏、损伤后应立即更换。

3) 如果长管呼吸器的气源车不能近距离跟随使用人员，应该另行安排监护人员进行监护，以便检查气源，在气源即将耗尽发出警报及发生意外时通知使用人员及时撤离。

### (三) 送风式长管呼吸器

送风式长管呼吸器是在有限空间检修塔罐、地下施工等作业环境，通过送风机不断给人员提供新鲜空气的呼吸保护装置。由于送风机不断地给面部提供空气，所以面部始终保持比大气压微高的正压力。用 220V 交流电即可工作，不受时间限制。

### 1. 送风式长管呼吸器结构

长管呼吸器主要由全面罩、蛇管、气流调节阀、腰带、20m导气软管、送风机组成。送风式长管呼吸一般只可供一个人使用，但是如果有需要的话，可以做成供两个人，三个人或者是四个人共同使用的呼吸器。如图 3-20 所示。

### 2. 送风式长管呼吸器使用注意

使用送风式长管呼吸器时应特别注意以下几点：①使用送风式长管呼吸器的人必须要经过一定的训练，当使用者已经掌握好了操作的要领后，才能让其使用该呼吸器。②在使用送风式长管呼吸器之前，应该先检查一下呼吸器的气密性是不是良好。使用该呼吸器时，必须要有除使用者外的第二个人在现场，以确保呼吸器中有充足的空气供应。③必须派专人管理，在用完以后要及时检查，清洗，定期要对其做校验及保养，以确保呼吸器能正常使用。如图3-21所示。

图3-20　送风式长管呼吸器类型

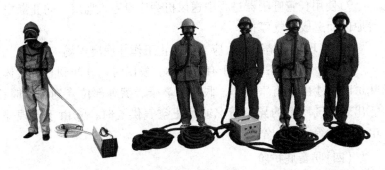

图3-21　送风式长管呼吸器使用方法

**3. 送风式长管呼吸器操作规程**

1）送风式长管面具在使用前必须检查各连接口，不得出现松动，以免漏气而危害使用者的健康。

2）检查面罩的气密性：用手封住面具的接头吸气，感觉憋气说明面罩的气密性良好。然后连接导气管，同时开启送风机，将新鲜空气输入面罩供使用者吸气。

3）在完成上面两项检查后，使用者先将固定腰带系紧，确保不会松脱；然后将橡胶软管的一端插头插入全面罩；将过度连接管与长管通过快速接头连接；长管与送风机插接；启动送风机，调节节流阀，确认正常通气；戴上全面罩。

4）使用者根据自身呼吸量调节节流阀，调整适当的供气量，感觉舒适，无不良反应后即可进入工作场所。

5）每次使用后应将面罩、通气管及其附件擦拭干净，并将长管盘起放入储存箱内。储存场所环境应保持干燥、通风、避热。

6）面罩镜片不可与有机溶剂接触，以免损坏。另外应尽量避免碰撞与摩擦，以免刮伤镜片表面。

7）男士在佩戴面具之前应将胡须刮净，以免胡须影响面罩的佩戴气密性。

8）长管面具应由专人保管，定期检查。发现问题应及时维修，必要时更换损坏的零部件。

9）使用长管呼吸器过程中送风机旁应设专人监督，防止断电等原因而造成供气停止。

10）出现以下情况时，应立即停止工作并撤离现场：

①呼吸困难时；②由于有害气体，发困时；③闻到有害气体味道时；④由于有害气体，眼睛、鼻子、嘴等部位受到刺激时；⑤出现空气流量的异常情况或停止空气供气时；⑥由于出现停电、故障等原因，停止运行时。

（四）防毒庇护舱

防毒庇护舱也称防毒庇护所，是一个标准集装箱。该箱体包括主房间、气锁区、高压空气瓶仓、简易卫生间和设备箱。并在庇护所内外安装设置了高灵敏度的甲烷、$SO_2$ 和 $H_2S$ 气体检测仪，当设定浓度的有毒有害气体被检测到时，报警系统启动，然后空气系统启动，高压气瓶开始向庇护所充气，使庇护所始终保持正压，为庇护所内提供新鲜空气。

1. 防毒庇护所的结构组成

整个防毒庇护系统分为气体探测系统、报警系统、空气系统、控制系统、动力系统和防火系统6个部分，各系统配合联动，以达到防毒庇护的功能，如图3-22所示。

图3-22 防毒庇护舱图

（1）气体探测系统

防毒庇护所的气体探测系统主要由固定式气体探测仪、无线气体探测仪和便携式$H_2S$探测仪组成。在庇护所外部和内部，分别设置了$CH_4$、$H_2S$、$CO_2$和$O_2$气体探测仪，用于对庇护所外部环境、主房间和气锁区的气体浓度进行检测。防毒庇护所还有一套无线气体检测设备，在距离防毒庇护所3km范围内放置$H_2S$和$CH_4$探测仪的无线发送器，在主房间就能通过无线接收器接收现场气体浓度信号，并实时反馈到PLC控制系统，进行远程报警。另外，防毒庇护所还为进入庇护所的人员配备了10台便携式$H_2S$探测仪，用做现场工作人员的随身防毒设备。

（2）报警系统

在庇护所顶部安装有声光报警器，气锁区设置有警示灯，在PLC面板上安装有故障报警灯和警笛。这些报警设备都会根据PLC采集到的现场信号和庇护所内信号，按照不同的报警等级进行报警。

(3)空气系统

空气系统是防毒庇护所的核心，空气系统的气源为 16 个 $0.089m^3$ 的高压空气瓶，系统压力为 30MPa，高压空气瓶内的空气在外部环境清洁时由庇护所内的空气压缩机进行充灌。在庇护所防毒庇护功能启用后，高压空气经过降压系统降压后，向主房间输送新鲜空气，并在主房间保持 50Pa 左右的微正压，气锁区内保持 25Pa 左右微正压。由于庇护所内部的压力略大于环境压力，因此房内空气通过止回阀不断向外排出，而外部环境中的有毒有害气体无法进入庇护所内部。

(4)控制系统

防毒庇护所采用可编程控制系统(PLC)对气体探测系统，报警系统，空气系统，电力系统和防火系统进行综合控制。根据 PLC 采集到的各种数据对外部环境进行判断，并控制防毒庇护所的运行和停止。

(5)电力系统

防毒庇护所具有外部动力输入接口，可外接 380V 动力电源。同时在防毒庇护所内部设置了 UPS 系统，能在外部断电情况下为庇护所提供 2.5h 的电能供应。

(6)防火系统

整个防毒庇护所达到 A－60 防火等级，并在主房间内设置了烟雾报警器和灭火器。

2. 如何正确使用防毒庇护所

防毒庇护所的运行模式分为预警模式和防毒庇护模式两种。当气体探测仪探测到环境中的 $H_2S$ 气体浓度超过 $10mg/m^3$ 时，庇护所就自动进入预警模式，外部声光报警器报警灯闪亮报警，报警扬声器断续报警。此时，现场工作人员应该提高警惕，随时准备进入庇护所避险。

当外部有毒有害气体浓度继续上升，达到一定浓度($H_2S$ 浓度大于等于 $20mg/m^3$ 或 $CH_4$ 浓度大于等于爆炸下限浓度的 50%)

时，庇护所进入防毒庇护模式。此时外部报警灯闪亮，扬声器连续报警。当庇护所进入防毒庇护模式时，现场工作人员应该迅速进入防毒庇护所，启动防毒庇护功能。

另外防毒庇护所还设置了撤离警示功能，当主房间内不再满足保证人员安全条件时(空气压力不足，有毒有害气体侵入等)，庇护所会响起警报，此时，庇护所内工作人员，应该尽快关闭空气供给、关闭电源系统、切断动力供给，迅速撤离。

防毒庇护所能基本满足为 16 个人提供不少于 2h 的安全庇护时间。紧急空调系统可以为庇护所提供新鲜空气并保持内部 50Pa 的正压；配备了所需配套设施；庇护所由一个防毒气箱体构成，包括密封的气锁区域，并作了防火绝热处理；控制系统的 PLC 处理器留有 40% 以上的处理余量，I/O 卡采用了冗余设计，逻辑控制系统具备可开放性和可扩展性。对于在国内高含 $H_2S$ 天然气气田开发中具有广阔的应用前景，预计将会成为高含硫天然气生产现场的重要安全设施。

(五)逃生空气呼吸器

逃生空气呼吸器为供紧急逃生用的开路式自给压缩空气呼吸器。可对身处有毒尘雾、缺氧、燃烧熏烟等环境的使用者的脸部和呼吸道提供保护。由于将在一些极端的环境中使用，使用者应同时准备其他配套的防护设备，如手套，鞋，气体防护服，头盔等。用于紧急情况发生时从危险区域逃到安全区域。其重要性能如自动激活、内置口鼻罩、压力报警哨、易于穿戴等。

1. 逃生空气呼吸器的组成

逃生空气呼吸器由报警笛、减压器、减压器连接、气瓶阀和压力表、需求阀、全面罩、背包、气瓶组成。如图 3-23 所示。

逃生空气呼吸器是一种模块化装备，每一模块都符合紧急逃生时的呼吸保护规范要求。所用的压缩气瓶(材料和容量)，气瓶阀的类型和 DIN 接口，全面罩的型号及其防护级别，需求阀与面罩的接口(快速接口)，呼吸用压缩空气气瓶所用的气瓶阀的型号依国家和使用者的不同而不同。

图 3-23 逃生空气呼吸器

2. 工作原理

准备一个压缩空气气瓶以提供使用者可呼吸的空气。气瓶中的高压压缩空气(最高可达 300bar)通过一级减压器减至中压(7.5bar)。之后,中压空气通过需求阀(二级减压器)后以正压送入面罩,且无论使用者呼吸节奏如何,需求阀将维持面罩内的正压状态。这可以避免有害物质或气体的渗入。

3. 使用时间

使用时间公式为:

$$\frac{可供呼吸的空气量(L)}{耗气量(L/min)} = 使用时间(min)$$

使用时间取决于气瓶容积和使用者耗气量两方面。耗气量又因使用者及所进行的工作不同而有异。使用者耗气量可根据其呼吸节奏分为低、中、高三等。使用时间取决于压缩空气的实际体积和使用者的生理负担。

由于逃生通常在紧急状况下发生,因此本设备应时刻处于备用状态。只有进行定期维护的装备才可投入使用。

4. 使用准备

发生紧急状况时:从储备处取出逃生空气呼吸器,将其挎在肩上，一手持住背包，另一手拉开手柄，取出面罩，戴上面罩，调整并拉紧头带，打开气瓶阀并戴上需求阀，逃向紧急出口但不要跑。

使用中注意监视压力表。报警笛当气瓶压力达到 55bar + 5bar 时开始鸣警，且在空气用光前无法停止。如果出现呼吸困难或使用者需要额外的空气可按需求阀上的按钮以增大气流。逃出后，卸下需求阀，摘下面罩，关闭气瓶阀，按住需求阀上的按钮以放光系统中残存的气体，从肩上取下背包。

再次使用前应将装备重新包装、保存。确认密封无损。

5. 维护及使用前检查

每六个月检查气瓶压力。在进行检查时，出于最大限度保证安全的考虑，建议同时进行压力水平视觉检查。

1）气瓶压力表显示范围：200bar 气瓶为 200bar + 10bar，300bar 气瓶为 300bar + 10bar。检查保护盖，如果密封条被撕去或损坏则说明背包或气瓶阀被打开过。

2）清洁及洗消方法。

逃生空气呼吸器的所有部件都可以从背包中取出进行彻底的清洗、消毒。

在这种特殊的洗消过程中应注意不要损坏逃生空气呼吸器。因此，应确认洗消所用物质中没有腐蚀逃生空气呼吸器组件，如背包，软管等的成分。每次使用后，每个组件必须用温水和中性清洗液清洗，最后用温水漂洗干净。

清洁之后，逃生空气呼吸器所有的组件必须在 15 ~ 30℃ 的环境中进行干燥，但要避开任何热辐射源（如阳光、臭氧、暖气）。

3）气瓶干燥与充气检测。

气瓶必须经过认证以符合国家标准。此类检测必须由官方检测机构进行，检测后的气瓶将贴有注明检测组织和检测日期的永久标志。如果气瓶在使用中被彻底放空，则需要在重新充气前进行干燥。

只有符合以下要求的气瓶才可用于充高压空气：符合国家标准；标有官方检测机构标签且尚未超出标签上所标出的复检日期；无可能诱发事故的损伤（如有损伤的阀）；无明显的湿度过高迹象（如接口螺纹上有水滴）；无明显的被误操作的迹象。

每次清洁或更换部件后都应进行装备操作检测。确认需求阀膜片以及塑料或橡胶材料的部件无变形、粘连、老化或破损。所有旋转接口必须经旋拧检查并无明显阻碍感。

使用前需要进行下面几项测试：

①整套装备的密封性测试；②低压密封性测试；③需求阀静态过压测试；④报警测试。

6. 运输储存

在运输和储存中，气瓶不应继续与呼吸器相连，同时应制定相应的操作规范并严格执行：在运输、储存中和充气后，应盖上气瓶阀保护盖，以避免螺纹被污染或受损，并保证气瓶处于备用状态；运输中气瓶应处于竖直位置（瓶阀向上）；在维护操作中，气瓶应尽量用双手搬运；手持气瓶时不要用手抓住气瓶阀以避免损坏瓶阀；在运输或维护操作中，禁止敲打、滚动、抛扔气瓶或将气瓶坠落。

逃生空气呼吸器应当被正确储存以区分两类装备：经过测试和检查的备用装备与未经检测或刚刚被使用的非备用装备。

原则上说，逃生空气呼吸器应被封盖储存以避免灰尘、日晒、高温、低温、过湿环境和远离化学、腐蚀性或危险的产品或物质；逃生空气呼吸器的储存温度范围应为 15～30℃。同时，装备应保持干燥和避开有害气体或蒸汽。

逃生空气呼吸器应被储存在一个发生紧急情况时便于拿到的地方。清洁并装上气瓶后，整套逃生空气呼吸器必须经检查并标明"备用"后储存。

7. 维护检查

1)检查管路接口，检查气瓶阀处于关闭状态并查看压力表显示的当前压力。

2)打开面罩格仓，放入面罩后关上。在格仓两边各做一个标记并贴上封条。

3)关闭气瓶格仓。拉上两边的拉链并贴上封条。

4)在瓶阀和手轮上贴上封条。

注意：减压器和需求阀用涂料密封，以确保其设置。应注意定期检查。

(六)防毒面具

防毒面具是一种必须依赖环境空气进行过滤型的防护用品，其结构主要由三部分组成：滤毒罐、面罩、连接软管。其中的滤毒罐里装有活性碳，通过它吸附有毒气体，从而达到净化空气的目的。防毒面具曾经是防护用具的主流，但随着科学的进步，这种面具逐渐被先进的空气呼吸器所取代。同时防毒面具也开发出了许多新产品，克服了原来的许多缺点。常见的国产防毒面具如图 3-24 所示。

防毒面具防毒的主要原理是将含 $H_2S$ 的污染空气通过一个化学药品过滤罐，$H_2S$ 被药品吸收(发生化学反应)而过滤掉，从而得到不含 $H_2S$ 的空气供工作人员使用。随着含 $H_2S$ 污染空气进入，药品不断跟 $H_2S$ 反应，最后过滤罐将失效而必须更换才能再使用。这种防毒面具一般只能短时间应用，其有效使用时间依据环境空气受污染程度来确定，通常使用时间一般为 30min 以内。

防毒面具现在面临被淘汰的局面，主要是因为它具有以下一些缺点：首先是滤毒罐里的活性炭的净化作用毕竟是有限的，它的使用时间极短，只能在有毒物浓度较低的情况下使用。另外滤毒罐里的活性炭必须经常更换，并且凭直观不好判断是否可用；防毒面具的面罩密封也不太好、不便语言交流等。

使用防毒面具的注意事项如下：

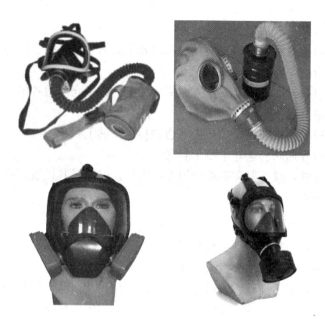

图 3-24　常见国产防毒面具类型

1）当空气中氧气含量低于18%或有毒气体浓度占总体积2%以上的地方，则滤毒罐失效，各型滤毒罐都不能起防护作用。对 $H_2S$ 的防护通常不建议使用防毒面具，特殊紧急情况下并且 $H_2S$ 浓度不是很高时可慎重用于逃生，但绝对禁止用于抢险施工或救人。

2）使用前应检查全套面具密封性。方法是戴好面具用手或橡皮塞堵上滤毒罐进气孔，做深呼吸，如没有空气进入，则此套面具密封性能好，可以使用。否则应修理或更换。

3）注意滤毒罐（盒）的有效期，滤毒罐有效期为5年，如果滤毒罐超过规定贮存有效期限时，应重新进行技术鉴定。

4）滤毒罐应与导管式面罩配套使用，每次使用后应对面罩进行消毒，且滤毒罐为一次性使用产品，不能重复使用。

5）使用过程中如闻到毒气微弱气味或刺激，应立即离开有毒区域，停止使用，更换新罐。

6)佩带使用时必须先打开过滤器进气口或进气阀。滤毒罐易于吸潮失效，滤毒罐应储存在干燥、清洁、通风和避热的仓库内，严防潮湿、过热，不到使用时，不得打开罐盖和底塞，使用时注意拧紧螺纹，以防漏气。

7)滤毒罐罐体有特定的色别作标记，其色别与防护气体范围有特殊的约定见表3−5。

表3−5 滤毒罐罐体色标与防护气体约定表

| 滤毒罐编号 | MP1 | MP2 | MP3 | MP4 | MP5 | MP6 | MP7 | MP8 |
|---|---|---|---|---|---|---|---|---|
| 标色 | 绿＋白道 | 绿 | 褐 | 灰 | 白 | 黑 | 黄 | 蓝 |
| 防毒类型 | 综合防毒 | 综合防毒 | 防有机气体 | 防氨、$H_2S$ | 防 CO | 防汞蒸气 | 防酸性气体 | 防 $H_2S$ |

8)使用防毒面具时要有第二者监护。

9)专人管理，定期检验保养。

(七)全封闭气密型防化服(图3−25)

气密性防化服是指防护等级达到 A 级或 B 级的防化服。因此又称为全封闭式防化服或者密闭式防化服。气密性防化服主要适用于化学品泄漏紧急救援以及不了解有毒有害物成分的作业环境。

气密性防化服有三个防护性能的技术指标：①防酸渗透性能；②防碱渗透性能；③阻燃性。在使用完后如何穿脱、保养和存储气密性防化服的每个步骤都很重要。

1. 使用方法

1)按正压式消防空气呼吸器说明书要求佩戴空气呼吸器。

2)将防化服密封拉链拉开，先伸入右脚，再伸入左脚，将防化服拉至半腰，然后将背囊罩上空气呼吸器。

3)将供给阀的快速接头插入正压式消防空气呼吸器的插座上，打开气瓶开关，戴好空气呼吸器的全面罩。

外置式重型防护服　　　　全密闭式防化服　　　　内置三级重型防化服

图3-25　全封闭气密型防化服

4）先呼吸几次，确认呼吸及其他一切正常后穿上两袖、戴好大视野连体头罩，拉合密封拉链。

5）正常呼吸大约1.5min后，防化服鼓起，此时可以进入作业现场。一套合格的气密性防护服，穿戴好后是手臂伸展自如且能灵活移动，遇到紧急情况时，能调节内置空气呼吸器开关及清洁视镜。

6）作业完毕后，在安全区脱下防化服和卸下空气呼吸器，操作顺序为：

第一：拉开密封拉链，摘下大视野连体头罩，脱下两袖。

第二：摘下全面罩，关闭气瓶开关，将供给阀与空气呼吸器分离开。

第三：脱下防化服，卸下空气呼吸器。

2. 注意事项

1）防化服不得与火焰及熔化物直接接触。

2）使用前必须认真检查服装有无破损，如有破损，严禁使用。

3）使用时，必须注意头罩与面具的面罩紧密配合，颈扣带、胸部的大白扣必须扣紧，以保证颈部、胸部气密。腰带必须收紧，以减少运动时的"风箱效应"。

4）每次使用后，根据脏污情况用肥皂水或 0.5% ~ 1% 的碳酸钠水溶液洗涤，然后用清水冲洗，放在阴凉通风处，晾干后包装。

5）折叠时，将头罩开口向上铺于地面。折回头罩、颈扣带及两袖，再将服装纵折，左右重合，两靴尖朝外一侧，将手套放在中部，靴底相对卷成一卷，横向放入防化服包装袋内。

6）防化服在保存期间严禁受热及阳光照射，不许接触活性化学物质及各种油类。

7）产品在符合标准规定的保管条件下，保质期为五年。

8）气密性防化服在每次使用前、放置过程中每六个月都要进行目视检查。每年进行一次气密性检查。

9）包装箱中，至少三个月将其取出，进行全面目视检查，然后放平或悬挂，凉一凉，然后再重新进行折叠存放。防化服要始终存放在干燥、清洁、无污染的环境中，在存放前，将拉链彻底润滑并完全打开。

（八）防爆充气箱

防爆充气箱是专为自给正压式空气呼吸器气瓶充气的安全保护装置。为建立集中充气站，提高充气效率，防止充气时发生意外事故，确保充气安全。整机外观美观，安全牢固，操作简单、方便。如图 3-26 所示。

此箱主体采用 6mm 钢板折弯、拼装焊接而成，并经防锈处理，表面烘漆。箱体分上下两部分，上部为操作面板，集中了压力表和进、排气阀，采用双压力表，其中一只为电触点压力表，可实现超压保护，普通压力表显示被充气瓶内压力。每只充气瓶充气管路上都装有开关阀，可单独进行充气过程控制。下部为充气箱主体，4 根充气高压胶管错位排布，使操作空间增大，符合人机工程原理；4 根管道采用 PVC 塑料管，耐磨，保护气瓶表面；最下面为卸压舱。

针对用户保有的各种类型的气瓶，公司提供相应的充气转换

图3-26　防爆充气箱

接头，可以满足用户的实际需要。

主要技术参数：

工作压力 30MPa；

充装数量(6～12L)×4 瓶/次；

箱内容积 500L；

外形尺寸 800×900×1500mm。

本章小结：$H_2S$ 对人体有很大危害性，施工作业时必须对作业环境进行适时检测，掌握 $H_2S$ 的存在环境和浓度，以便作好防护控制，确保作业人员和设备的安全。电子式 $H_2S$ 检测仪可分为固定式和便携式两种。两种仪器的使用有不同的规定和要求。人身安全防护设备主要是正压式空气呼吸器、空气压缩机以及其他防护设备如空气呼吸站，移动式长管呼吸器，送风式长管呼吸器，防毒庇护舱，逃生空气呼吸器，防毒面具，全密封气密型防化服，防爆充气箱等的结构、组成、原理、使用和维护等。

**思考题**

1. 为什么要对作业环境实施 $H_2S$ 监测？

2. $H_2S$ 检测仪器可分为哪两种？

3. $H_2S$ 检测仪器报警浓度的设置有什么要求？

4. $H_2S$ 检测仪器使用应注意哪些问题？

5. 空气压缩机主要分为哪两类，充气时注意事项有哪些？

6. 从事石油作业的人员常用的安全防护用品有哪些？

7. 正压式空气呼吸器主要由哪几部分组成？

8. 使用正压式空气呼吸器应注意哪些事项？

9. 结合自身工作实际，分析现场有哪些 $H_2S$ 容易泄漏的高危区，我们应该如何来进行人身安全防护？

# 第四章 油气井作业过程硫化氢防护

油气井作业过程是一个复杂的系统工程，是从地质勘探、钻前施工到包括钻井作业、井下作业、油气采集输、脱硫作业等不同的作业过程。本章主要就钻井、井下作业和采输气及脱硫作业过程中的 $H_2S$ 防护知识进行介绍。

## 第一节 钻井作业过程硫化氢防护

在钻井作业过程中，如果油气井压力控制不当，当井底压力小于地层压力时，就会发生如溢流、井涌、井喷甚至井喷失控。特别是含硫的油气井，一旦出现井喷乃至井喷失控，油气井中所含 $H_2S$ 气体就会随同井内天然气一起喷出，导致 $H_2S$ 气体的大量逸散，并随风飘逸和扩散，这可能会给钻井作业带来灾难性的事故。所以，要做好钻井作业过程中 $H_2S$ 的防护工作，保证在含硫油气田进行安全钻井作业，其根本，就是要做好钻井作业过程中的井控安全工作。

### 一、钻井作业现场硫化氢危害潜在位置及硫化氢监测

（一）硫化氢危害潜在位置

1. 硫化氢危害潜在位置

含硫油气田钻井作业现场，$H_2S$ 主要存在于循环罐、振动筛、接收罐、方井、井口、钻台以及污水池等地方。在这些位置应该有固定式 $H_2S$ 检测仪器，同时，作业人员应配备合格的便携

式 H₂S 检测仪，并在相应的位置配备空气呼吸器。

2. 井场布置要求

钻前工程前，应从气象资料中了解当地季节的主要风向。钻井设备的安放位置和钻开含硫油气层时，应考虑当地季风的主频风的风向。井场周围应空旷，风能在井场前后或左右方向畅通流动。

井场布置时，要求井场周围至少应设置两处临时安全区，一处位于当地季风的上风方向，其余的与之成 90°～120°分布。

井场应设置风向标，将风向标设置在井场及周围的点上，一个风向标应挂在被正在工地上的施工人员以及任何临时安全区的人员都能容易看得见的地方。安装风向标的可能位置是：绷绳、工作现场周围的立柱、临时安全区、道路入口处、井架上、气防器材室等。风向标应挂在有光照的地方。

井场内的引擎、发电机、压缩机等容易产生引火源的设施及人员集中区域如值班室、钻井液室、气防器材室等，宜部署在井口、节流管汇、天然气火炬装置或放喷管线、液气分离器、钻井液罐、备用池和除气器等容易排出或聚集天然气的装置的上风方向。同时，井场值班室、工程室、钻井液室、气防器材室等应设置在井场主要风向的上风方向。

井场应有两个以上出入口，便于应急时采取抢救和疏散人员。钻井井场及设备布置如图 4-1 所示。

(二)钻井作业现场硫化氢监测

含硫油气井钻井作业现场的 H₂S 监测应符合 SY/T 6277《含硫油气田硫化氢监测与人身安全防护规程》中的相关规定。钻井作业区应配备可燃气体监测报警仪、便携式 H₂S 监测报警仪和固定式 H₂S 监测报警仪，并配置防爆排风扇。

1. 监测仪器和设备

现场使用的监测仪器和设备，应按照制造厂商的说明对其进

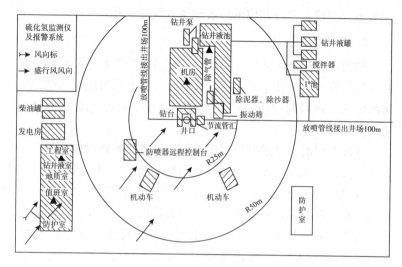

图4-1 井场及设备布置示意图

行安装、维护、校验和修理。

当 $H_2S$ 的浓度可能超过在用的监测仪的量程时，应在现场准备一个量程达 $1500mg/m^3$（$1000ppm$）的监测仪器。$SO_2$ 在大气中的含量超过 $5.4mg/m^3$（$2ppm$）（例如在产生 $SO_2$ 的燃烧或其他操作期间），应在现场配备便携式 $SO_2$ 检测仪或带有检测管的比色指示监测器。

同时作业现场应指定专人保管和维护监测设备。

**2. 固定式硫化氢监测系统和便携式硫化氢监测仪**

用于油气井钻井作业的固定式 $H_2S$ 监测系统，应能同时发出声光报警，并能确保整个作业区域的人员都能看见和听到。监测传感器至少应在下述位置安装：①方井；②钻井液出口管口、接收罐和振动筛；③钻井液循环罐；④司钻或操作员位置；⑤井场工作室；⑥未列入进入限制空间计划的所有其他 $H_2S$ 可能聚集的区域。

对于便携式 $H_2S$ 监测仪的配备，要求作业现场，应至少配备

便携式 $H_2S$ 监测仪 5 台。在如元坝气田等高含 $H_2S$ 气井井场，按一个班次实际人数配备便携式 $H_2S$ 检测仪。

3. 钻进油气层的检测

钻入油气层时，应依据现场情况加密对钻井液中 $H_2S$ 的测定。

4. 预探井的检测

在新构造上钻预探井时，应采取相应的 $H_2S$ 监测和预防措施。

**二、钻井作业过程中硫化氢防护**

在钻井作业过程中，如果对 $H_2S$ 的防护措施得当，$H_2S$ 造成的危害完全是可以消除的。

（一）保障作业人员及周边公众安全的硫化氢防护措施

1. 井场选址

在钻井作业过程中，除了既要保护好现场作业人员的生命健康安全外，同时，还必须保护好周边公众的生命健康安全。所以，在进行井场选址时，要求：

1）井场应选择远离人口稠密的村镇，油气井井口距高压线及其他永久性设施不小于 75m；距民宅不小于 100m；距铁路、高速公路不小于 200m；距学校、医院和大型油库等人口密集性、高危性场所不小于 500m。含 $H_2S$ 天然气开发井井口距民宅不少于 300m。

2）在地质设计中，应对拟定探井周围 3km，生产井井位 2km 范围内的居民住宅、学校、公路、铁路和厂矿等进行勘测，并在设计书中标明其位置。

3）在煤矿、金属和非金属矿等非油气矿藏开采区钻井，还应标明地下矿井、坑道的层位、分布、深度和走向及地面井位与矿井、坑道的关系。

4）在含硫地区的钻井设计中，应注明含硫地层及其深度和预计 $H_2S$ 含量。在江河干堤附近钻井，应标明干堤、河道位置，同时应符合国家安全、环保规定。

## 2. 气防及保护设备

钻井作业队应按照产品说明书检查和保养 $H_2S$ 检测仪器、防护用具，保证其处于良好的备用状态；建立使用台账，按时送往具有资质的检验单位检验。钻井作业队应配备正压式空气呼吸器 15 套；充气机 1 台，大功率报警器 1 套，备用气瓶不少于 5 个，配备固定式 $H_2S$ 检测报警器 1 台。其他辅助作业（如钻井液作业、录井作业以及测井作业等）队，根据作业人员按班组人员全配备相应的防护器具。

$H_2S$ 防护器具应存放在清洁卫生和便于快速取用的地方，并对其采取防损坏、防污染、防灰尘和防高温的保护措施。防护用具每次使用后对其所有部件的完好性和安全性进行检查；在 $H_2S$ 环境中使用过的防护用具还应进行全面的清洁和消毒。

值班干部及全体当班人员应佩带便携式 $H_2S$ 监测报警仪。若遇 $H_2S$ 泄露而身边又没有气防器具时，可用湿毛巾或湿衣物等捂住口和鼻，迅速离开危险区域。

## 3. 警示标识

在井场大门处和 $H_2S$ 易聚集的区域，如井口、循环池、污水池等处应按要求设置明显清晰的警告标志。具体如下：

挂绿牌：表示当前位置 $H_2S$ 浓度 $< 15mg/m^3$（10ppm），井处于受控状态，但存在对生命健康的潜在或可能的危险；

挂黄牌：表示当前位置 $H_2S$ 浓度 $< 15mg/m^3$（10ppm）~ $30mg/m^3$（20ppm），对生命健康有影响；

挂红牌：表示 $H_2S$ 浓度大于或可能大于 $30mg/m^3$（20ppm），对生命健康有威胁。

作业人员在这些位置时，要特别注意挂牌情况，并根据挂牌情况来决定自己的活动。挂黄牌的区域，不是抢险人员不能进入；挂红牌的区域，不是应急人员，绝不能进入。

### 4. 保证井场通风畅通

在钻台上、井架底座周围、振动筛、液体罐和其他 $H_2S$ 可能聚集的地方应使用防爆通风设备（如鼓风机或风扇），以驱散工作场所弥散的 $H_2S$。

在确定井位任一侧的临时安全区的位置时，应考虑季节风向。当风向不变时，两边的临时安全区都能使用。当风向发生 $90°$ 变化时，则应有一个临时安全区可以使用。当井口周围环境 $H_2S$ 浓度超过安全临界浓度时，未参加应急作业人员应撤离至安全区内。

在钻进含硫油气层前，应将泵房、循环系统及二层台等处设置的防风护套和其他类似围布拆除。寒冷地区在冬季施工时，对保温设施可采取相应的强制通风措施，保证工作场所空气流通。

### 5. 外来车辆管理

测井车等辅助设备和机动车辆应尽量远离井口，宜在 25m 以外。未参加应急作业的车辆应撤离到警戒线以外。

### 6. 做好井控及硫化氢防护演练

作业班除进行常规防喷演习外，还应佩戴 $H_2S$ 防护器具进行防喷演习，高含 $H_2S$ 井演习应包含 $H_2S$ 防护内容，钻开含 $H_2S$ 油气层 100m 前应按预案程序组织 1 次以 $H_2S$ 防护为主要目的的全员井控演习；钻井公司按预案程序和步骤，组织现场施工全体人员（包括录井、泥浆、定向、欠平衡等）参加、地方相应部门和当地群众参与的，以防 $H_2S$ 溢出后人员救护和抢险为主要目的的演习。必要时，应与地方政府联动组织井喷防 $H_2S$ 救援演习。参加人员应包括地方政府相关部门、当地群众和全体现场施工人员等。

### 7. 钻入含硫油气层后的日常检查

每天白班开始工作前应检查但不限于以下项目：

1)指定的临时安全区域是否在风向指示器的上风方向。

2)$H_2S$ 监测报警仪的功能是否正常；各类 $H_2S$ 检测仪、可燃气体检测仪、大功率声响报警器等气防器具，现场安装后应进行可靠性检测，声光报警、数值显示等达到标准后，方可投入使用。

3)$H_2S$ 防护器具的存放位置、数量和相关参数是否符合规范。

4)消防设施的布置。

5)急救药箱和氧气瓶。

8. 保持通信系统 24h 畅通，尤其是与上级调度、医院、消防部门的联系

(二)钻井作业过程中对设备的防护

由于钻井作业过程中 $H_2S$ 对钻杆、设备具有腐蚀作用，因此要控制 $H_2S$ 在钻井液体系中的量，同时钻井液密度及其他性能符合设计要求，并按设计要求储备高密度钻井液、加重材料、除硫剂、缓蚀剂等。钻开含硫地层的设计钻井液密度，其安全附加密度在规定的范围内(油井 $0.05 \sim 0.10 g/cm^3$、气井 $0.07 \sim 0.15 g/cm^3$)宜取上限值；或附加井底压力在规定的范围内(油井 $1.5 \sim 3.5MPa$、气井 $3 \sim 5MPa$)宜取上限值。不允许在含硫油气地层进行欠平衡钻井。

检查所有管材、井控装置等是否能适应在含硫作业环境下使用。

含硫地区钻井液的 pH 控制在 9.5 以上；加强对钻井液中 $H_2S$ 浓度测量，发挥除硫剂和除气器作用，保持钻井液中 $H_2S$ 浓度含量在 $50mg/m^3$ 以下；在进入含硫油气层前 50m，将钻井液的 pH 值调整到 $9.5 \sim 11$ 之间，直至完井；若采用铝合金钻具时，pH 值控制在 $9.5 \sim 10.5$ 之间。

在钻开含硫油气层前的检查中，应对井场的井控装置、$H_2S$ 防护设施、措施(含应急预案及演练等)、加重钻井液储量等进

行安全评估，未达到要求的不准钻开含硫油气层。

### 1. 管材和工具使用安全检查

管材使用符合 SY/T 0599、SY/T 6194 和 API Spec 5Dg 规定材料；方钻杆旋塞阀、钻具止回阀和旁通阀的安装按《含硫油气井钻井井控装备配套、安装和使用规范》（SY/T 6616）中相应规定执行。钢材，尤其是钻杆，其使用拉应力需控制在钢材屈服强度的 60% 以下。

### 2. 钻井液技术检测

施工中若发现设计钻井液密度值与实际情况不相符合时，应按审批程序及时申报，经批准后才能修改。但不包括下列情况：

1）发现地层压力异常时。

2）发现溢流、井涌、井漏时。

发生卡钻，须泡油、混油或因其他原因需适当调整钻井液密度时，井筒液柱压力不应小于裸眼段中的最高地层压力。发现气侵应及时排除，气侵钻井液未经排气，除气不得重新注入井内。若需对气侵钻井液加重，应在停止钻进的情况下进行，严禁边钻进边加重。

下面就钻井作业过程中的 $H_2S$ 防护注意要点进行简单介绍。

### 1. 钻进操作

1）在含硫油气层中钻进时，若因检修设备短时间（<30min）停止作业，井口和循环系统观察溢流的岗位不能离人；若停止作业时间较长，应坐好钻具，关闭半封闸板防喷器，井口和循环系统仍然需要坐岗观察，同时采取可行措施防止卡钻（或提钻至上层套管鞋内）。

2）停止钻井液循环进行其他作业期间，以及随后重新循环钻井液的过程中，钻台和循环系统上的人员要注意防范因油气侵而进入钻井液中的 $H_2S$。

### 2. 起下钻操作

1）含硫油气层钻开后，每次起钻前都应进行短程起下钻，若循环后效严重，则应调整钻井液密度，使之具备起钻条件。

2）在含硫油气层的水平井段钻进中，每次起钻前循环钻井液的时间不得少于 2 周。

3）发生卡钻，需要泡油或因其他原因须适当调整钻井液密度时，井筒液柱压力不应小于裸眼井段中的最高地层压力。

4）起钻过程中严格控制起钻速度，严格按规定执行灌钻井液制度并做好校核、记录，发现异常及时报告。

5）完钻时要及时下钻，检修设备应保证井内有一定数量的钻具，并安排专人观察出口槽处的返浆情况。

6）在含硫地层中，每次下钻到底，钻台及循环系统上的检测人员都要格外注意 $H_2S$ 的浓度。

3. 取心

1）在含 $H_2S$ 地层中取心时，当岩心筒到达地面以前至少 10 个立柱时，应带上正压式空气呼吸器。

2）当岩心筒已经打开或当岩心已经移走后，应使用便携式 $H_2S$ 监测报警仪检查岩心筒。在确定大气中 $H_2S$ 浓度低于安全临界浓度之前，作业人员应继续使用正压式空气呼吸器。

4. 电测

1）遇有 $H_2S$ 或其他有毒有害气体特殊测井作业时，应按 SY/T6504 的规定执行。

2）参与作业的人员并须经过 $H_2S$ 安全防护培训并合格。施工过程中测井作业的主要人员数量应保持最低，作业过程中应使用 $H_2S$ 检测设备监测大气情况。正压式空气呼吸器应放在主要工作人员能迅速并方便拿取的地方。

3）在开始作业前，应召开钻井及相关方工作人员参加的特殊安全会议，特别强调使用气防器具、急救程序、应急反应程序。

4）电测作业的生产准备、设备、井下仪器的吊装，储源箱、雷管保险箱、射孔弹保险箱的吊装均应执行 SY/T5726 标准。

5)电测前井内情况均应正常、稳定。若电测时间长，应考虑中途通井循环再电测，做好井控防喷工作。

6)应在保证人员安全的情况下，排放和燃烧所产生的气体。对来自储存的测试液中的气体，也应安全排放。

**5. 固井**

1)下套管前，应换装与套管尺寸相同的防喷器闸板；固井全过程应保证井内压力平衡，尤其要防止注水泥浆候凝期间水泥失重造成井内压力平衡的破坏，甚至井喷。

2)含 $H_2S$、$CO_2$ 等有毒有害气体和高压气井的油层套管、有毒有害气体含量较高的复杂井的技术套管，其固井水泥浆应返至地面。

**6. 溢流处理**

1)起下钻(钻杆、钻铤)中发生溢流，应尽快抢接内防喷工具或防喷单根。只要条件允许，控制溢流量在允许的范围内，尽可能多下一些钻具，再关井。

2)电测时发生溢流，应尽快起出电缆。若溢流量将超过规定值，则立即切断电缆按空井溢流进行关井操作，不允许利用关闭环形防喷器的方法继续起电缆。

3)发生溢流后应尽快组织压井。在处理溢流的循环压井过程中，注意防范钻井液中所含 $H_2S$，宜经液气分离器循环钻井液。

**7. 中途测试**

1)中途测试和先期完成井，在进行作业前观察一个作业时间，起下钻杆或油管应在井口装置符合安装、试压要求的前提下进行。

2)在含硫地层中，一般情况下不宜使用常规式中途测试工具进行地层测试工作，若需进行时，应减少钻柱在 $H_2S$ 环境中的侵泡时间，并采取相应的严格措施。

3)地面测试流程应全部采用抗硫材料，测试管线严禁现场焊接；至少安装一条应急放喷管线。

4)一旦发生下列情况，应立即终止放喷测试：

①风向变化危及放喷测试时；

②放喷出口处出现长明火焰熄灭，而又不能及时重新点燃；

③放喷测试管线出现险情危及施工安全时。

（5）应在保证人员安全的条件下，排放和燃烧所有产生的气体。

（6）处理和运输含 $H_2S$ 的样品时，应采取预防措施。样品容器应使用抗 $H_2S$ 的材料制成并附上标签。

**8. 其他防护要求**

$H_2S$ 与空气混合后浓度达到 4.3% ~46%、天然气与空气混合后浓度达到 5% ~15% 时都将形成遇火发生爆炸的混合物，应采取如下防范措施：柴油机排气管无破漏和积碳，并有冷却防火装置，出口与井口相距 15m 以上，不朝向油罐；在钻台上下、振动筛等 $H_2S$ 容易聚集的地方应安装防爆风扇，以驱散工作场所弥漫的 $H_2S$；严格控制井场内动火，若需动火，应按《石油工业动火作业安全规程》（SY/T5858）中的相应规定执行；进入井场的车辆，排气管要加装防火帽（罩）。

钻井队在实施井控作业中放喷时，通过放喷管线放出的含硫天然气应点火烧掉。放喷点火可用固定点火装置或移动点火器具点火。"三高"油气井应确保 3 种有效点火方式，其中包括一套电子式自动点火装置。若使用移动点火器具点火，点火人员应佩戴防护器具，并在上风方向距离点火口 10m 外点火。

井喷失控处理和点火程序按相关标准和要求执行。

**三、钻井作业硫化氢应急管理及应急响应**

因各种客观的或人为的因素存在，特别是当客观因素的不可控影响，在钻井作业过程中，难免会遇到如井喷甚至井喷失控事故而导致 $H_2S$ 气体的泄漏、逸散。为确保作业人员的生命健康和安全，必须制订相应的应急管理措施，一旦出现 $H_2S$ 气体泄漏、逸散，为阻止事态的蔓延和扩大，将 $H_2S$ 的危害尽可能降低到最小程度，应立即采取应急响应程序。

(一)钻井作业硫化氢应急管理

1. 硫化氢应急管理的基本要求

在含硫油气井的钻井作业前，与钻井相关的各级单位应制定各级防 $H_2S$ 的应急预案。钻井各方人员都应掌握应急预案的相关内容。应急预案应考虑 $H_2S$ 和 $SO_2$ 浓度可能产生危害的严重程度和影响区域；还应考虑 $H_2S$ 和 $SO_2$ 的扩散特性。

同时，明确应急机构及职责，要求应急预案中应包括钻井各相关方的组织机构和负责人，并应明确应急现场总负责人及各方人员在应急中的职责。

2. 应急预案的内容

应包括但不限于：

1)应急组织机构。

2)应急岗位职责。

3)现场监测制度。

4)应急程序：

①报告程序；

②人员撤离程序；

③点火程序。

5)培训与演习。

(二)钻井作业硫化氢应急响应

钻井作业中，一旦出现 $H_2S$ 气体泄漏、逸散，为阻止事态的蔓延和扩大，将 $H_2S$ 的危害尽可能降低到最小程度，应立即采取应急响应程序。

1)当空气中 $H_2S$ 含量超过阈限值[$15mg/m^3$(10ppm)]时，监测仪应能自动报警。当 $H_2S$ 浓度达到 $15mg/m^3$(10ppm)的阈限值时启动应急程序，现场应：

①立即安排专人观察风向、风速以便确定受侵害的危险区;

②切断危险区的不防爆电器的电源;

③安排专人佩戴正压式空气呼吸器到危险区检查泄露点;

④非作业人员撤入安全区。

2) 当 $H_2S$ 浓度达到 $30mg/m^3$ ($20ppm$) 的安全临界浓度时,按应急程序应:

①戴上正压式空气呼吸器,正压式空气呼吸器的有效供气时间应大于 $30min$;

②向上级(第一责任人及授权人)报告;指派专人至少在主要下风口 $100m$、$500m$、$1000m$ 处进行 $H_2S$ 监测。需要时监测可适当加密;

③实施井控程序,控制 $H_2S$ 泄露源;

④撤离现场的非应急人员;

⑤清点现场人员;

⑥切断作业现场可能的着火源;

⑦通知救援机构。

3) 当井喷失控,井口主要下风口 $100m$ 以远测得 $H_2S$ 浓度达到 $75mg/m^3$ ($50ppm$) 时,采取应急程序。

①由现场总负责人或其指定人员向当地政府报告,协助当地政府作好井口 $500m$ 范围内居民的疏散工作,并根据监测结果,决定是否扩大疏散范围;

②关停生产设施;

③设立警戒区,任何人未经许可不得入内;

④请求援助。

4) 当井喷失控,井场 $H_2S$ 浓度达到 $150mg/m^3$ ($100ppm$) 的危险临界浓度时:

现场作业人员应按预案立即撤离井场。现场总负责人应按应急预案的通讯表通知(或安排通知)其他有关机构和相关人员(包括政府有关负责人)。由施工作业单位和生产经营单位按相关规定分别向其上级主管部门报告。在采取控制和消除措施后，继续监测危险区大气中的 $H_2S$ 及 $SO_2$ 浓度，以确定在什么时候方能重新安全进入。

5)井喷失控后，在人员的生命受到巨大威胁、人员撤离无望、失控井无希望得到控制的情况下，作为最后手段应按抢险作业程序对油气井井口实施点火。油气井点火程序的相关内容应在应急预案中明确。油气井点火决策人宜由生产经营单位代表或其授权的现场总负责人担任，并列入应急预案中。

井场应配备自动点火装置，并备用手动点火器具。点火人员应配戴防护器具，并在上风方向，离火口距离不少于 60m 处点火。点火后应对下风方向尤其是井场生活区、周围居民区、医院、学校等人员聚集场所的 $SO_2$ 的浓度进行监测。

总之，钻井工程是一项系统工程。要做好钻井作业过程中 $H_2S$ 的防护工作，保证在含硫油气田进行安全钻井作业，必须做好钻井作业过程中的井控安全工作。

# 第二节　井下作业过程硫化氢防护

## 一、作业过程硫化氢监测与作业中设备间的安全距离

井下作业过程中的 $H_2S$ 监测主要分两种情况，一是原钻机作业固定式监测，二是其他含硫地区的固定式监测。两者在监测方式上区别不大。

### 1. 原钻机固定式监测传感器的安装位置

对于像元坝地区的井下作业井场，由于在气井达到采气条件之前不允许搬动井场设备，因而，在此类情况下，其 $H_2S$ 监测（固定式）传感器的安装位置与钻井作业过程完全一样，所以，这种情况下的监测方式参照钻井作业的要求，在此不过多阐述。

2. 其他固定式监测传感器的安装位置

修井作业现场示意图如图4-2所示。

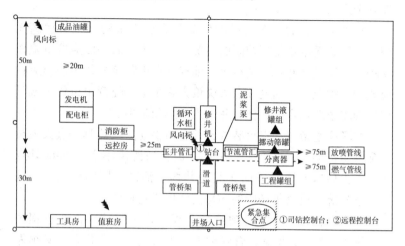

图4-2　修井作业现场布置图

压裂作业现场示意图如图4-3所示。

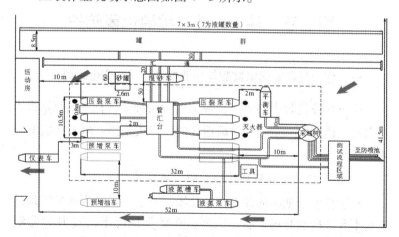

图4-3　压裂作业现场布置图

监测传感器至少应在下述位置安装:

须安装监测仪的位置主要有方井、钻井液、产出液出口管口接收罐，振动筛、产出液计量罐、储存罐、分离器；钻井液、完井液循环罐；司钻或操作员位置；井场工作室；未列入进入限制空间计划的所有其他 $H_2S$ 可能聚集的区域。

$H_2S$ 监测传感器应安装在方井、喇叭口、振动筛、钻井液循环罐、司钻或操作员位置、井场工作室及其他 $H_2S$ 可能聚集的区域；同时在喇叭口、振动筛处安装可燃气体、二氧化碳监测传感器。

需要注意的问题是，含硫气井，修井队（井场）应配备固定式 $H_2S$ 监测仪一套（大修在钻台、方井、值班房、振动筛等处安装监测仪探头；小修在圆井、值班房、循环罐等处安装监测仪探头），探头距离监测高度为 0.3~0.6m，主机安装在干部值班室；作业井场设置醒目的风向标，应配手摇式报警仪、1 套声光报警装置用于发现 $H_2S$ 时自动发出警示。探头不要放置在能被化学或高湿度如蒸汽污染的地方；也不要放置在振动筛上方有烟雾的地方。建议安放在大约齐膝盖高的钻台台板上；靠近喇叭口处；靠近振动筛；靠近泥浆混和装置等处。主机应安装在录井拖车和总监或平台经理办公室。低级警报为光警报，声光警报一起出现时成为高级报警。报警器高音量贯穿井场，并应区别于其他声光源。按现场人员实际配备便携式监测仪，每人 1 个。

在进行作业前应从当地气象资料中了解当地盛行风的方向。井场及作业设备的安放位置应与盛行风风向一致。井场周围要空旷，尽量在前后或左右方向能让盛行风通过，并吹过试油、修井等设备。试油、修井等设备及天然气井井场布置按图 4-2 进行布置。

对于井下作业而言，井场设施的安全间距有以下要求：

1）以下设施与井口的距离规定如下：职工生活区距离井口应不小于 500m。

井场锅炉房、发电房、值班房、储油罐、测试分离器距离井口不小于 30m；远程控制台应距井口不小于 25m，并在周围保持

2m 以上的人行通道；放喷排污池、火炬或燃烧筒出口距离井口应大于 100m；高压节流管汇、低压泥浆分离器距井口应大于 10m。

2）值班房与锅炉房、储油罐、高压节流管汇、放喷排污池的距离应不小于 30m。

3）储油罐与放喷排污池、锅炉房、发电房的距离应大于 30m。

4）火炬或燃烧筒出口距森林应大于 50m，上空 20m 半径范围内无高压电线或高空距离大于 150m，且位于主导风向的下风侧。处在林区的井，井场周围应有防火隔离墙或隔离带，隔离带宽度不小于 20m。

以上 4 条是一般性、通用性的技术条件，对特殊情况，应进行安全风险评估，并采取或增加相应的安全保障措施。

**二、井下作业过程硫化氢防腐**

在常温、常压下，干燥的 $H_2S$ 对金属材料无腐蚀破坏作用，但当 $H_2S$ 气体溶于水形成氢硫酸（湿 $H_2S$ 环境）时，钢材才易引发腐蚀破坏和加速非金属材料的老化。

$H_2S$ 对金属的腐蚀形式有电化学失重腐蚀、氢脆和硫化物应力腐蚀开裂，其中以后两者为主，一般统称为氢脆破坏，也是最严重的破坏形式。氢脆破坏会造成井下管柱的突然断落、地面管汇和仪表的爆破、井口装置的破坏，甚至发生严重的井喷失控或着火事故。

氢脆和硫化物应力腐蚀破裂的机理其中一个就是氢脆的压力理论值。钢材受到 $H_2S$ 腐蚀，失效后，断口具有明显的特征。含硫天然气对钢材腐蚀破坏还受钢材本身、环境、物理等诸多因素的影响。因此，我们应搞好对含硫油气田金属管材的防腐工作，加强防腐措施。

（一）几种作业中的防硫化氢腐蚀注意事项

在进行油管、套管、钻杆等管串的强度设计时，应控制所受最大拉应力小于钢材本身屈服强度的 60%。油管、套管不得采用焊接加固或修补。下井前必须逐根查对钢号、钢级，钢号、钢级不明者不能下井。对于高于 646.25MPa(95000psia) 屈服强度的管材，应淬火和回火。在没有使用特种钻井液的情况下，高强度的管材(例如 P110 油管)不能用于含 $H_2S$ 的环境。非金属密封件，应能承受指定的压力、温度和 $H_2S$ 环境，同时应考虑化学元素或其他钻井液条件的影响。

下面就各种作业工况简要叙述其作业过程中的防 $H_2S$ 腐蚀的做法。

1. 修井作业

对于修井而言，修井设备的制造材料首先应具备抗硫应力开裂的性能。修井时，应尽量减少钻具和含硫气体的接触时间，尽量避免钻具承受过大的拉力负荷。除此之外，在特殊地区作业如高压高含硫地区修井，可采用厚壁钻杆和加厚钻杆，或使用内涂层钻杆，并随时对钻杆进行探伤检查。

同时在修井作业中控制管具的使用环境：①钻井液为碱性，这样可中和 $H_2S$，达到防腐作用。加入的碱性物质如 NaOH，$Ca(OH)_2$，$NaCO_3$ 等，在钻开含硫地层前 50m，应将钻井液的 pH 值调整到 9.5 以上直至完井。若采用铝制钻具时，pH 值控制在 9.5 ~ 10.5 之间；②使用除硫剂除硫。如加入碱式碳酸锌 $[3Zn(OH)_2]ZnCO_3$，生成硫化锌沉淀析出。$[3Zn(OH)_2]ZnCO_3 + 4H_2S = 4ZnS\downarrow + CO_2 + 7H_2O$；③在条件允许下，尽量使用油基泥浆，杜绝清水钻进。

2. 下油管作业

油管下井前，应按试压技术要求严格执行，不合格者，不能下井；在搬运油管和上紧接箍等作业过程中，应尽量避免发生剧烈碰撞和大锤敲击。油管接箍不应上得过紧，有效扣应留一扣。油管下井后，应从油、套管环形空间注入缓蚀剂。

3. 酸化作业

酸化作业时，应尽量缩短酸液和油管、套管接触时间。酸液中必须加酸化缓蚀剂。酸化后应用清水洗井，尽量排除残酸。

4. 放喷

放喷管线应使用 D 级或 E 级钻杆煨制，不得使用强度高于 E 级的钻杆。连接方式应采用丝扣和丝扣法兰连接，不能采用焊接。

（二）无损探伤

管具材料的选择采用 SY/T0599 的条款作为最低的标准。设备用户可自由选择更严格的规范，材料应有材质合格证及用户抽检结果报告等适用性文件。

井口装置和井场的高、中压设备的铸件，如大小四通、阀体和法兰等，在出厂前必须采用 X 射线透视，进行无损探伤并按照适用于这些设备的"质量检验操作规程"和"质量验收标准"执行。

（三）抗硫材料在运输、储存中的注意事项

抗硫材料在运输、储存中绝不能混淆钢级。应注明记号，严格分类保管。进口的油管、套管及其他设备、管线等必须带有产品合格证。所有抗硫材料的产品说明书及合格证必须妥善保存，以备及时查对。

### 三、井下作业过程硫化氢人身防护

为确保作业人员施工中的的人身安全，要求在井场入口处要有 $H_2S$ 安全防护设计和急救站。作业井场应有逃生通道和 2 个以上逃生出口，并有明显标识，以便发生 $H_2S$ 泄漏等紧急情况时使用。井场要有一条辅助的安全通道以便遇到风向转变时紧急通行。井场所有入口处都要安装适当的报警信号和风向标等明显的安全警示标志。井场所有设备的安放必须留有空间。井口周围禁止堆放杂物以便空气流通，避免 $H_2S$ 在圆井及周围积聚。在井架顶端、井场盛行风入口、防护室、山顶上及井场入口等地应设置风向标。气测车、酸化压裂车等辅助设备和机动车辆，应尽量远离井口，至少在25m以外。确保通讯24h畅通，尤其是与上级调度部门的联系不能中断，条件允许的情况下应有备用的通讯系统。并且要编制符合现场实际作业情况的 $H_2S$ 应急预案。

以下分各种井下作业工况进行阐述不同作业过程中的人身防护措施。

（一）测试作业

含硫气井在测试作业过程中具有以下特点：

1）在高含硫气井测试过程中，高产地层流体容易导致从采油树开始至三级降压装置，地面流程管汇多处节流和转向处温度急剧降低；含饱和水蒸气的天然气流到井口后，由于温度的降低，水蒸气由饱和状态变为过饱和状态，在节流情况下容易形成冰堵。由于这一过程具有突发性，一旦出现若不及时处理，会对测试施工和人身安全造成极大危害。

2）在高含硫气井地面测试中，由于往往伴随有注酸、排酸、排液、放喷、测试等施工过程，若采用常规的一套地面三级降压装置，流程闸门开关、倒换频繁，现场操作起来很复杂，容易出错；测试过程中如果流程任何一处出现意外刺漏或需要整改，唯一的选择就是停止测试。

3）含 $H_2S$ 气井测试现场施工人员的人身安全必须得到足够的保障。如：放喷点火，采用人工点火显然不合适；记录各点压力，采用手动记录不准确、不持久。

4）由于含 $H_2S$ 气体，对井下测试工具的选择要求高，应充分考虑工具的防腐、防脆、防断，测试设备必须要选用防 $H_2S$ 的材质。

5）深井、超深井的特点之一是高温、高压。因此封隔器的胶筒、工具等其他橡胶密封件的选择要耐高温，保证在高温高压等恶劣环境中不刺、不漏。

6)井口控制设备，包括控制头、地面及活动管汇等，不但要求承受高压，而且还要防 $H_2S$。

7)高含 $H_2S$ 井，出口不能完全燃烧掉 $H_2S$（如酸压后放喷初期、气水同出井水中溶解的 $H_2S$、$SO_2$），应向放喷流程注入除硫剂、碱，中和 $H_2S$、二氧化硫，注入量根据 $H_2S$、$SO_2$ 含量确定。

测试期间，为保证作业人员的人身安全，应加强对 $H_2S$ 的监测和防护工作。井场应设置多个风向标；对可能有 $H_2S$ 沉积的危险区域设置醒目标志；在井口、油嘴管汇、分离器、计量罐、放喷口等 $H_2S$ 易于泄漏和聚集的地方，应设置固定式多点 $H_2S$ 监测仪。在放喷期间，应两人一组，携带便携式 $H_2S$ 检测仪进行巡回检测。

同时现场施工应成立 $H_2S$ 应急领导小组，负责现场全部安全工作，对施工人员进行防 $H_2S$ 应急演练，做好应急准备工作，让每一位施工人员明确自己的职责。

(二)射孔作业

含 $H_2S$ 气层应采用油管输送射孔。为了保证作业安全，油管输送射孔时，泵车应停放在井口附近及高压软管允许的距离内，应既不妨碍绞车操作者的视线，又不妨碍井口安装和地面连接。高压油气井射孔时，井口应安装防喷装置。现场施工车辆发动机排气管应安装阻火器。射孔施工完成后，应立即清点雷管、传爆管、射孔弹、导爆索等，并清理施工现场。若气层要求下测试仪器测试，可采用油管输送射孔与地层测试联作。

射孔施工时，井场和射孔作业区禁止进行与射孔无关的其他作业。

高含 $H_2S$ 气井射孔施工应安排在白天进行，特殊情况下的夜间作业应保证有足够的照明设备和安全保证措施。

(三)试气及作业管柱

试气是钻井完井以后，将钻井、录井、测井所认识和评价的含气层，通过射孔、替喷、诱喷等多种方式，使地层中的流体

（包括气、凝析油和水）进入井筒，流出地面，再通过地面控制求取气层资料的一整套工序过程，它是对气层进行评价的一种手段。

在施工作业中，井内管柱存在放喷生产工况，预测最大关井井口压力≥35MPa，地层温度≥120℃的气井，井下管柱应有压力控制式循环阀、井下关闭阀（如测试阀）和封隔器。

预测最大关井井口压力≥70MPa，地层温度≥150℃的气井，应增加耐高温高压的伸缩补偿器，采用气密封特殊扣油管。

含 $H_2S$ 层的试气作业施工中，在钻台上、井口旁、循环罐、油嘴（节流）管汇、分离器等重要部位应放置大功率防爆排风扇各 1 台。

（四）替喷、诱喷与测试

替喷前应检查采气树、地面流程管汇的阀门及放喷、回浆管线，阀门的开启状态并有明显标识。同时，划分警戒区域，进行防 $H_2S$ 泄漏演练，让居民和无关人员至少撤离到 500m 以外。

替喷、诱喷一般用正循环一次替喷，反循环洗井的方式。如一次替喷不能满足要求的气井，可采用二次替喷、反循环洗井的方式。对于高压高产层，喷势强烈的井，应采用正替正洗的方式。射孔或替喷后不能自喷的井，应用氮气、二氧化碳或天然气进行气举或混气水诱喷，严禁用空气。

放喷点火应开启自动点火装置或派专人进行实施，点火人员应佩带空气呼吸器，在放喷管口先点火后放喷。放喷期间，测试管线出口燃烧筒处应有长明火。

放喷、测试等危险作业时间应安排在白天进行，试气期间井场除必要设备需供电外，其他设备一概断电。若遇 6 级以上大风或能见度小于 30m 的雾天、下雪天或暴雨天，应暂停放喷。

（五）特殊作业

特殊作业一般包括放空、绳索作业、酸化、压裂、连续油管作业、阀门钻孔和热分接。

1. 放空

如果工具、防喷管或其他装置在打开或泄压时存在 $H_2S$ 释放的危险，宜安装适当的管线进行远距离放空、燃烧。另外，对所有会暴露于 $H_2S$ 环境下的工作人员，都应配带个人呼吸保护设备。

2. 绳索作业

如果井能自喷，绳索防喷装置由绳索作业阀（防喷器）、防喷管（立管）、泄压阀和密封盒或控制头组成。

绳索作业过程中的 $H_2S$ 防护措施与放空作业的措施相同。

绳索材料须适合作业环境。如果只有 $H_2S$ 这一种化学影响因素，一些高抗硫化物应力开裂的材料可供选择。电缆和钢丝绳入井前，可考虑使用缓蚀剂对其进行预处理。此外，还可考虑对绳索进行检查和延展性试验，以检测作业中可能出现的锈斑、表面损伤或脆裂等。如果作业环境中还含有其他化学物质，如卤化物，有些抗 $H_2S$ 的绳索将不能满足要求。卤化物是一类普遍存在于油气井中的化合物，井液中主要的卤化物一般包括盐酸、卤水、氯化钙和溴化锌。卤化物通常存在于油管柱的下部，一旦温度升高，就易引起不锈钢绳索脆化。若井液中含卤化物，下入不锈钢绳索前可能需要金相咨询。

3. 酸化、压裂

涉及潜在 $H_2S$ 的油气开采区域的生产经营单位应警示所有人员作业过程中可能出现 $H_2S$ 的大气浓度超过 $15mg/m^3$（10ppm），二氧化硫的大气浓度超过 $5.4mg/m^3$（2ppm）的情况。一旦作业区域 $H_2S$ 或二氧化硫浓度8h时间加权平均数高于上述两个数值时，宜提供个人保护。

4. 连续油管作业

连续油管作业装置应根据主导风向和井场条件，宜位于上风方向。滚筒及其传送设备的固定应足以避免意外移动。

对于连续油管作业的特殊设备，若可能，连续油管防喷器底连接宜采用法兰连接；在承压条件下作业时，宜特别考虑安装一专业泵四通，并在其下方安装第二组油管闸板防喷器。井液管线不宜经过连续油管装置的工作篮。

5. 阀门钻孔和热分接等特殊作业

热分接就是将机制的或焊接的支线管件连接到在用的管道或设备上，并通过钻或切割被连接的管道或设备的那一部分，在该管道或设备上产生开口的一项技术。通常是在把管道或设备从设施中脱离或用常规的方法进行吹扫和清洗不可行时才使用热分接。在认真考虑无其他替代方案后，才可以考虑在在用设备上进行焊接或热分接。所以阀门钻孔和热分接设备应适用于含 $H_2S$ 环境。所有设备的额定工作压力都应高于设备内被钻孔或被维修部件的预期压力。

防喷管和防喷管总成上的两个泄压孔宜分别串接两个阀。阀的材料宜抗 $H_2S$，其额定工作压力应等于或大于防喷管总成的额定工作压力。外阀通常作操作阀，以保护应急之用的内阀。

（六）弃井与封井

对无工业开采价值的地质报废井和工程报废井应作弃井处理，对暂时无条件投产的有工业油气流的井，应予封井，并报上级主管部门批准。

对无工业开采价值的井应采取永久性弃井方式，即试气结束后，先将井压稳，从气层底部至顶部（射孔井段）全段注水泥，水泥浆在套管内应返至气顶以上 200~300m，其中先期完井的井应返至套管鞋以上 200~300m。在井口 200~300m 处打第二个水泥塞进一步封井，井口焊井口帽，装放气阀，盖井口房。

对暂时无条件投产的有工业油气流的井应采取暂时性弃井方式，即试气结束后，先将井压稳，在气层以上 50m 打易钻桥塞（先期完井气应在套管鞋以上 50m 打易钻桥塞），然后打 100~200m 的水泥塞。井口应安装采气树，选择井口并试压，再装压力表，盖井口房，并观察记录。

存在严重事故隐患不能正常生产的天然气井，应根据实际情况，采取不同的封堵措施，达到永久性弃井的要求。封堵施工作业时，应有施工作业设计，并严格执行审批程序。水泥塞试压压力应不小于30MPa，但不超过套管抗内压强度的80%，试压稳压30min，压降小于0.5MPa为合格。

### 四、井下作业硫化氢应急响应

在井下作业施工期间防 $H_2S$ 泄漏的应有相应的应急准备，具体措施包括：

1）现场配齐安全设备、物品。$H_2S$ 监测仪表与防护设备、药品等应由专人管理，定期检验，做到取用方便，并提前与就近医院取得联系；

2）井场应有专人管理。人员、车辆进出井场登记挂牌，非工作人员（包括当地居民）不可擅自进入；

3）井场应设置风向标，划分逃生、撤离路线，划定危险区、救护区、安全区，并有明显标识；井口、油嘴管汇、压井出口管线处备一桶苏打水及数条毛巾；

4）现场备2倍井筒容积的压井液，准备随时压井；

5）精减井口操作人员，缩短井口操作人员的工作时间，井口操作人员连续工作时间应不超过2h；

6）起下作业时，井口附近上风处配备足够的呼吸器，井场作业人员配带防护设备，并指派专人佩带呼吸器随时监测 $H_2S$，发现 $H_2S$ 达到及超过设定的报警浓度时应立即启动报警装置实施报警；警报器拉响后，井场进入应急状态，启动应急预案。各岗位人员按照各自的职责进行处置。处于危险区的人员立即戴上防护设备，撤离到指定的安全集合点，并清点人数，由领导小组统一组织、指挥抢险工作；

7）若确需在 $H_2S$ 气体存在的场所继续作业，必须保证作业人员安全。作业人员须两人以上为一组，佩戴空气呼吸器进行作业，并且至少每间隔 10min 撤离至安全地带，休息 5min 后，方可继续工作；作业前，做好宣传工作，让当地居民了解 $H_2S$ 及防护知识，确保当地居民生命安全，确保万无一失；

8）井口、节流管汇、分离器等位置配备数据自动采集系统；

9）试管线出口和放喷口应安装缓冲式燃烧筒；

10）配备三种有效点火装置（至少应有一种有效自动点火装置）；

11）双放喷池设置；

12）在射孔、放喷、酸化、节流压井等施工前，对井口周围 500m 范围内的居民进行疏散；

13）施工井应有充足的水源，井场清水池的储水量达到 $1000m^3$，或具备向井场的供水能力，供水流量大于 $60m^3/h$ 或达到设计要求；

14）排出的天然气点火烧掉；

15）在放喷、节流压井等有天然气产出工况时，应配备多功能无线便携式监测仪。

当空气中 $H_2S$ 含量超过 $[15mg/m^3（10ppm）]$、$30mg/m^3$（20ppm）、$75mg/m^3$（50ppm）、$150mg/m^3$（100ppm）以及井喷失控后等情况时，其具体的应急响应程序与钻井作业过程的响应程序是一致的，具体参见本章第一节相关内容。

# 第三节　采集输作业过程硫化氢防护

含硫天然气采输过程中 $H_2S$ 防护是采集输工作的重中之重。必须做到采输工艺设施设备安全可靠，员工熟练掌握 $H_2S$ 防护的基本技术和方法，建立完善的安全防护及应急体系，切实做好日常安全管理工作，人民群众的生命安全才能得到有力保障，企业才会更好地发展。

## 一、天然气采集输作业的主要工艺流程及主要设施

### (一)地面集输工程概况

地面集输系统工艺主要采用全湿气加热保温混输工艺。"抗硫管材 + 缓蚀剂 + 阴极保护 + 智能清管"防腐工艺；"SCADA + ESD + 激光泄漏监测"自动控制措施；"截断阀室 + ERP + 紧急疏散广播 + 应急火炬系统"安全措施；"光缆数字传输网络 + 5.8G 无线通信"数据传输与应急通信方式；"污水集中分离、管道输送、低压处理、高压回注地层"的污水处理方法。

地面集输工程主要由集气管网工程、集气站场工程和与之配套的自动化控制、通信与应急反应、防腐控制、电力供应、给排水及污水处理、矿区道路、穿跨越与山体隧道、消防等工程内容组成。包括集输管网、集气站工艺流程及功能、残酸及污水处理工艺、污水回注工艺。

### (二)站场工艺

#### 1. 站场原料气组成

原料气中含饱和水蒸气；$H_2S$ 和 $CO_2$ 含量在一定区间波动；含游离水、压裂返排酸液、少量固体杂质等。气田产品气含 $H_2S$ 与 $CO_2$；含饱和水蒸气，不含游离杂质。

#### 2. 集输站场的设计

##### (1)设计压力

井口一级节流阀至加热炉一级节流阀之间的管道设计压力；加热炉一级节流阀至加热炉二级节流阀之间的管道设计压力；加热炉二级节流阀之后的酸气管道系统设计压力；燃料气返输管道设计压力。集气站压力等级设计。

##### (2)设计温度

井口节流阀至井口加热炉二级节流阀前的管道设计温度，二级节流阀之后至酸气管道系统设计温度，燃料气返输管道设计温度。

（3）总站设计参数

设计压力等级，设计温度；燃料气返输管道设计温度。

3. 集输工艺选择

防止水凝结和水合物形成，天然气水合物形成温度预测与防止水凝结和水合物形成的工艺方法。从井口采出的含水天然气当其温度降低至某一值后，就会形成固体水合物，堵塞管道和设备。为了防止高压天然气在节流和输送过程中形成水合物，必须采取防止水合物形成的措施，通常采用的措施有加热、加抑制剂（注醇）和脱水三种方法。

（1）加热方法

目前国内外常用的加热设备主要为水套加热炉和电热带。水套加热炉适用于热负荷波动范围较大的场合，且易于操作和控制，使用也比较安全，因而通常用于井口加热和长输管道加热输送。电热带则常用于集输系统的辅助加热，优点是热效率高、发热均匀、温度控制准确、可实现远控及遥控、易于实现自动化管理、费用低、投资少。其缺点是功率小、电热丝寿命短、加热量偏小，不适用于大输量的野外埋地管道加热。

经分离后的天然气进入加热炉加热，在压力和含水量不变的情况下，加热后的天然气含水量将处于不饱和状态，亦即天然气温度高于其露点温度，因而可以防止水合物的形成。输气管线采用保温处理，从而保证天然气输送管道沿线温度高于水合物形成温度。

正常生产时，气田采用水套加热炉加热防止水合物的形成；事故工况和开停工状况采用注抑制剂的方式防止水合物形成。

（2）抑制剂法

加注水合物抑制剂是防止水合物形成的重要措施和有效方法，它能减轻水套炉热负荷，降低能耗。目前使用最广泛的热力学抑制剂是甲醇，它通过改变水合物相的化学位，使水合物形成条件向较低温度和较高压力的范围移动，从而达到抑制水合物形成的目的。

（3）脱水法

天然气脱水是防止集输过程中形成水合物的最根本和最有效的措施。管输天然气脱水的目的是使气体在最高输送压力和管线周围环境历年最低温度下，仍未达到天然气中残留水分的露点，以防止气体水合物的形成。一般情况下，管输天然气的露点温度应比输气管线最低环境温度低 5～15℃。掌握气田含硫区块所处地区极端最低气温情况。

鉴于脱水法工艺较复杂、投资偏高，结合气田开发实际，推荐采用"加热＋抑制剂"法。

4. 湿气集输工艺方案

改良湿气输送工艺流程框图如图 4-4 所示。

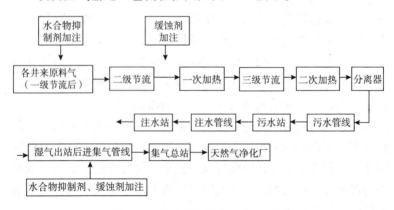

图 4-4　改良湿气输送工艺流程图

采用井场分离采出水和凝结水的湿气集输工艺，与两相混输工艺相比，井场设备多了分离器，其他的设备如加热炉、计量加药系统均无差别。污水可以通过车拉或管道输送到污水站。分水湿气输送方案主要有以下优点：

1）集输管道在正常情况下为单相输送，清管通球的频率减少，方便操作管理；

2）采出地层水量大时，流程适应能力较强。后期可以计量地层出水情况；

3）形成段塞流几率少。

为保证湿气输送工程中无凝析液产生，且不形成水合物的主要方法是加热保温和注抑制剂。初步研究结果表明，甲醇对缓蚀剂的防护性能有一定影响，所以在缓蚀剂筛选过程中应予以考虑；乙二醇也是一种常用的抑制剂，但由于系统注入量大，需在净化厂建乙二醇回收装置，再返输至各集气站，由于系统投资、运行费用高，操作较繁杂，故不推荐。相对地看，加热保温更简单实用。

**5. 辅助系统**

**（1）燃料气系统**

气田建设专门的燃料气返输管网，为各集气站提供燃料气，以满足环保要求。燃料气来自净化厂，由集气总站配送来的净化天然气进入燃料气罐，调压后作为加热炉所需的燃料气、站场火炬的点火用气及维护抢修时的置换气。燃料气管线与集气管线同沟敷设。

**（2）站场放空系统**

放空系统由放空支线、总管、火炬燃烧器、火炬筒、火炬分液罐和点火装置组成。站内各部分安全阀、手动放空阀通过放空支线汇入放空总管。

集气站各设高压放空火炬1座，负责投产时单井放空、站场和管道应急放空，放空总管中的放空气经火炬分液罐输送放空火炬，供开停工及事故时紧急排放燃烧天然气使用。最大放空量按单井配产量计算。

每座集气站场设置高压火炬1座，火炬筒径，火炬顶高应与产量匹配。

放空火炬为高架式管状火炬，结构在保证可靠、合理的前提下应尽量简单，以降低工程投资。放空火炬燃烧应完全，燃烧产物中污染物应符合 GB 20426—2006 中二类区二级标准要求指标。当有回火情况发生时，火炬密封器能够阻止火焰的蔓延。火炬控制系统应能实现就地手动/自动点火。点火系统采用电点火方式。

火炬头采用 310 耐热不锈钢，火炬筒的材料应采用与酸气管道一致的抗硫管材，适当的加大其腐蚀余量，配合其配套的工艺防腐措施以保证其使用寿命。

（3）甲醇加注系统

甲醇加注系统则是为了防止工况发生变化时形成水合物堵塞管道和设备。甲醇罐中的甲醇分别由井口甲醇加注泵和外输管线甲醇加注泵输送至井口甲醇加注装置（MIF）和外输管线甲醇加注装置（MIF）注入管线，以防止工况变化时形成水合物，工程多选用移动式甲醇加注橇块。

（4）缓蚀剂加注系统

缓蚀剂加注系统主要是为了减缓管道的腐蚀速度。缓蚀剂罐中的缓蚀剂分别由加热炉缓蚀剂加注泵和外输管线缓蚀剂加注泵输送至加热炉一级节流缓蚀剂加注装置（CIF）和外输管线缓蚀剂加注装置（CIF）注入管线。

（5）硫溶剂加注系统

为防止硫黄沉积对生产的不利影响，工程预留硫溶剂加注装置位置。如果生产过程中发生硫沉积的情况，可在加热炉一级节流之后向管线中加注硫溶剂。可选的硫溶剂如 DADS，DMDS，Merox，$CS_2$ 和 Sulfex 等。

（6）临时分酸工艺流程

为防止钻井泥浆液返排对地面集输管线造成腐蚀，在工艺流程中设计了井口临时分酸分离器，此分离器分出的酸液直接进入酸液缓冲罐，缓冲罐的液体装车拉运，闪蒸出的气体则直接进入放空总管去放空火炬燃烧。井口临时分酸分离器使用 3～6 个月后拆除，安装上预留的 2500mm 镍基短管（此短管安装前需要提前准备好）。

**6. 集气总站**

集气总站负责接收来自各集气站的天然气，经过分离计量后输送至天然气净化厂。站内设有气体检测、紧急关断、清管器接收装置。

生产分离器分出的污水经过氮气气提脱除 $H_2S$ 后进入污水站处理后外输回注。气提塔出口的低压气提气进净化厂硫黄回收工段。总站高压放空进净化厂高压火炬系统，低压气紧急放空或污水缓冲罐顶气进净化厂的低压火炬系统。

气田集输系统的中心控制系统设在净化厂的中控室内，负责全气田的安全监控、生产调度、联锁关断、应急处置等。

集气总站的工艺流程如图 4-5 所示。

图 4-5 集气总站工艺流程图

**(三) 主要设备选型**

天然气采集输工程工艺设备主要有水套加热炉、分离器、火炬和缓蚀剂、甲醇加注装置。

**1. 水套加热炉**

水套加热炉是一种成熟的加热方式。该方式是对炉内水加热，炉壳内增加了盘管，由炉水传给进入水套炉盘管的天然气，使天然气温度达到工艺所要求的温度。其优点就是避免或减轻了火筒的结垢和腐蚀，更主要的是火筒不直接与生产介质接触，安全性好。近年来，水套加热炉被广泛应用于油气田生产。

加热炉内盘管为两组，两组盘管之间装有节流阀，加热炉燃料为净化的燃料气，加热炉燃烧器为自然通风燃烧，加热炉带有控制盘，可对出炉温度进行调节，同时可进行故障报警和关断。

经计算后，由于气田单井生产配产，预测井口流动温度在一定范围内，因此可利用井口温度先进行二级节流，进入水套加热炉进行一级加热后再进行三级节流，最后进行二级加热后计量外输。

2. 分离器

原料气分离采用重力分离器，结构简单，操作方便，不需要进行日常维护。常用的重力分离器有立式和卧式两种，相同压力、相同直径的卧式分离器的分离效率较立式重力分离器更佳，因此推荐卧式分离器。

3. 火炬

集气站场的所有工艺设备、管道放空均进入火炬系统焚烧后排放。

集气干线紧急关断后，如果需要放空泄压进行维修作业，管道中的含 $H_2S$ 天然气必须通过站场的火炬系统放空，严禁高含 $H_2S$ 的天然气不经火炬焚烧冷放。

火炬的放空量必须考虑管线内超压井口还未关断的最危险工况，所以火炬的最大放空量是按集气站单井最大产量计算的。

4. 缓蚀剂和水合物抑制剂加注系统

站内井口设置缓蚀剂加注口，推荐采用隔膜计量泵，泵的最大流量较小，设计压力较高。在集气站出站管线上设置缓蚀剂加注口，采用隔膜计量泵向管线加注缓蚀剂，以补充经分离掉的缓蚀剂。该泵的最大流量较大，设计压力较低。

由于缓蚀剂采用连续加注工艺，所以缓蚀剂加注泵采用一用一备。

采用甲醇加注系统则是为了防止工况发生变化时形成水合物堵塞管道和设备。站内井口设置甲醇加注口，推荐采用隔膜计量泵，泵的最大流量为 $0.6m^3/h$，设计压力较高。在集气站出站管线上设置甲醇注入口，采用隔膜计量泵向管线加注甲醇，以补充经分离掉的甲醇。该泵的最大流量为 $0.52m^3/h$，设计压力较低。

甲醇在投产或特殊工况下才加注，选用移动式甲醇加注橇块。

(四)站场主要设备及材料

1. 管道的主要腐蚀形态

含 $H_2S$ 和 $CO_2$ 的天然气集输系统，从气体组分看，材料的腐蚀主要表现在 $H_2S$ 腐蚀并伴随 $CO_2$ 的弱酸腐蚀。

$H_2S$ 腐蚀为电化学反应过程中阳极铁溶解导致全面腐蚀或局部腐蚀，具体表现为金属套管、金属设施，管道壁厚减薄或点蚀穿孔等局部腐蚀破坏。电化学反应过程中阴极析出氢原子，由于 $H_2S$ 的存在，阻止其结合成氢分子逸出。而进入钢中，导致氢脆及 $H_2S$ 环境开裂，其表现形式为硫化物应力开裂(SSC)、氢致开裂(HIC)、应力导向氢致开裂(SOHIC)和软驱开裂(SZC)等。

$CO_2$ 腐蚀钢材主要是天然气中 $CO_2$ 溶于水生成碳酸而引起电化学腐蚀所致。$CO_2$ 溶入水后对钢铁有着极强的腐蚀性，在相同的 pH 值下，$CO_2$ 的总酸度比盐酸高，腐蚀也比盐酸重。实际上 $CO_2$ 的腐蚀往往表现为全面腐蚀和一种典型沉积物的局部腐蚀。

2. 管道材料选择

通过对腐蚀的影响分析，在选材时必须同时考虑管材的耐腐蚀能力和抗硫化物应力开裂(SSC)、金属氢致开裂(HIC)的性能。在酸气系统中，同时存在高浓度的 $H_2S$、$CO_2$(并可能存在氯离子和单质 S)等多重因素的腐蚀，腐蚀环境极其恶劣。依据执行 NACE MR0175/ISO 15156《石油天然气生产中－含 $H_2S$ 环境中原材料使用规定》标准选材如下：

(1)井口一级节流阀至加热炉一级节流阀之间的管道

井口一级节流阀至加热炉一级节流阀之间的管道设计压力为 40MPa，压力很高，缓蚀剂在此加注较难，且管线相对较短，此段管线选材如下：管道选用镍基合金 825 无缝钢管；管件选用镍基合金 825 无缝钢管或 825 锻件；法兰选用镍基合金 825 锻件；阀门选用镍基合金 825 锻件或铸件。

（2）加热炉二级节流阀之后的管道

管道及管件选用 L360QS（ISO3183 - 2007）无缝钢管，腐蚀余量取 3.2mm，并对材料的纯净度、杂质的形态控制、钙化处理、S、P 等有害元素进行严格的限定，控制材料的硬度，模拟现场条件对所选抗硫管材进行 SSC、HIC 试验和评价及焊接工艺评定。同时配套相应的缓蚀剂加注，对缓蚀剂提出相应的技术要求，配合全面有效的腐蚀监测设施。

法兰选用 ASTM A350 LF6 class1（抗硫碳钢），并进行抗硫限定。

阀门选用抗硫碳钢，并进行抗硫限定。

（3）站内放空管道及工艺排污管道

管道选用抗硫 ASTM A333 GR.6 低温无缝钢管，管件选用抗硫 ASTM A420 Gr.WPL6，并进行抗硫限定。

法兰选用 ASTM A350 LF2 class1（抗硫碳钢），并进行抗硫限定。

阀门选用低温抗硫碳钢，并进行抗硫限定。

（4）站内燃料气管道

燃料气管道由于其介质不具有腐蚀性，管道设计压力低于 4MPa 时，选用 20（GB/T8163）无缝钢管；设计压力为 4MPa 时，选择 20（GB6479）无缝钢管。

3. 设备材料的选择

设备处于特高湿 $H_2S$、$CO_2$ 天然气环境，腐蚀环境非常苛刻，对设备主体材质的要求较高，初步确定如下：

气田项目中的压力容器以抗硫碳钢材料为主，如 Q345R（HIC）、Q245R（HIC）和 16Mn（HIC）锻件等，材料本体在化学成分、力学性能、晶粒度、带状组织、低温冲击韧性、热处理、硬度和抗 HIC、SSC、SOHIC 性能评价等方面进行了抗硫限定。井口分酸分离器采用碳钢＋镍基合金复合材料，燃料气分离器和仪表风储罐采用普通碳钢材料。

（五）地面集输管网

其设计参数包括设计压力与设计温度，线路走向为气田集输管网集气管线和燃料气返输管线同沟敷设。

（六）阀室

发生事故时为了减少泄漏量，便于进行抢修，根据规范在管道上设置线路截断阀室。一般线路截断阀室位置选择在交通方便、地形开阔、地势较高的地方。

根据站外集输管网布局情况和线路截断阀间距的计算结果，工程集输管网部分共设置截断阀室，阀组区，燃料气阀室。酸性天然气为气田产品气，$H_2S$ 与 $CO_2$ 含量较高；原料气中含饱和水蒸气，投产前期可能会含有钻井液泥浆；净化天然气为返输气田用燃料气和仪表风用气。

1. 阀室工艺流程

线路截断阀主要用于管道破裂后阀门自动关闭，以限制酸气的泄漏量在可接受的较安全范围内，也用于联锁关断或人为关断。

线路截断阀在接收到关断信号后将立即实施关断，关断信号来自人工干预、ESD 系统、压力下降速率三个方面，复位需现场操作。酸气管线来气经过线路截断阀流向截断阀下游。

2. 线路截断阀规格

（1）阀室截断阀规格

酸气管道一旦破裂，快速截断阀能根据管线压降变化速率判断酸气管道运行状态，并实行快速紧急关断操作，关闭后由人工现场复位。根据安全可靠的原则，选择全通径可通球、顶装式固定球结构的球阀作为截断阀，截断阀执行机构为气、液联动方式，该阀不需供电和外加能源。在管道破裂时依靠管道中的天然气压力，可自动切断管道，防止天然气大量外泄。主要参数，关闭/开启时间为 6～20s；球阀转角为 90°；要求阀门达到零泄漏。

（2）阀组区截断阀规格

酸气管道一旦破裂，线路截断阀手动关闭。根据安全可靠的原则，选择全通径可通球、顶装式固定球结构的球阀，该阀不需供电和外加能源。

3. 管道器材

线路截断阀两侧的酸气管道材质选用无缝钢管，等级为L360QS。线路燃料气返输管线选用无缝钢管，等级为 L245N。截断阀门制造执行 API6D 标准，配套法兰及其紧固件执行 ASME B16.5 标准。

## 二、采集输过程中硫化氢泄漏监测防护技术

含硫天然气采输过程中如何保障整个气田安全、可靠、平稳、高效、经济地运行是气田开发的关键，除了做好本质安全工作外，最关键的是要建立起一套有效的 $H_2S$ 防护系统，使采输各环节均处于可控的状态。

以典型高含硫气田为例，其气田自动化控制系统采用国际先进的 SCADA 系统。整个 SCADA 系统分为 PCS 和 SIS 系统，PCS 的作用为控制站场、阀室的自控阀门与监视、收集生产信息数据；SIS 系统包含 FGS 火气系统和 ESD 紧急关断系统，FGS 系统的作用是监测各有毒、可燃气体探头及火焰探头的实时数据，达到报警值高限后发送信号传递至 ESD 系统，由 ESD 系统实施紧急切断阀门的关闭控制。

依托 SCADA 系统，含硫天然气采输过程中 $H_2S$ 防护技术实现了含硫天然气泄漏监测、井口安全控制、联锁紧急关断、紧急放空、应急疏散广播等功能，从而确保了含硫天然气采输生产的安全。

（一）含硫天然气泄露监测系统

1. 激光、红外、电化学等泄漏监测技术

1）测点布局：根据高含硫天然气泄漏扩散结果，优化集气系统测点布局。

2）信号传输：监测信号同步远传到站控室、中控室、调度室和应急指挥中心。

3）集输系统：在采气井站、阀室、隧道等区域设置 $H_2S$、可燃气体监测仪和视频监控装置，阀室设置压力监测装置，隧道设置激光泄漏监测装置。

2. 隧道泄漏激光监测技术

激光监测装置可同时监测甲烷和 $H_2S$ 两种组分。通过激光发射和接收，可监测 1000m 范围内的含硫天然气泄漏。其监测指标为：监测距离 1000m，响应时间 <1s，监测误差为 ±2%。如图 4-6 所示。

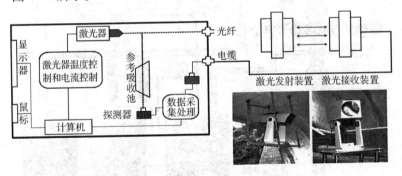

图 4-6　含硫天然气泄漏激光监测装置

3. 无线远程移动监测技术

针对气田开发生产中放喷作业、检维修、泄漏应急处置等特殊状况，利用无线远程多点布控技术，建立区域监测网络，跟踪监测天然气、$H_2S$ 以及大气中 $SO_2$、$O_2$ 等含量。如图 4-7 所示。

图4-7 无线远程移动监测

（二）井口安全控制系统

井口安全控制系统主要由井下安全阀、地面安全阀、井口控制系统组成。如图4-8所示。

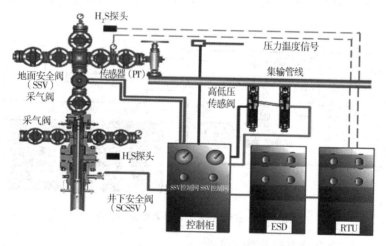

图4-8 井口控制系统示意图

（三）联锁控制紧急关断系统

高含硫气田集输系统建立了上下游一体联锁控制紧急关断系统。该系统能在事故发生时及时采取相应的 ESD 逻辑控制进行紧急关断，响应时间 2~20s。

一级关断为全气田关断；二级关断为支线关断；三级关断为单站关断；四级关断为单元关断。在 SCADA 自控系统的基础上，集气站设置可自动连锁操作的紧急切断阀（ESD）及紧急放空阀（图4-9、图4-11）；在集输管网阀室设置可自动连锁操作的线路截断阀（图4-10），由中控室或站控室依据四级联锁关断逻辑执行远程关断。

图4-9　集气站紧急切断阀

图4-10　线路截断阀

图4-11　紧急放空阀

（四）紧急关断火炬放空系统

在联锁关断工况下，应用优化的火炬头设计和双保障点火、流体密封技术，实现净化厂、集气站、集输管道等装置高压高含硫放空天然气的完全和充分燃烧，且热辐射和 $SO_2$ 的落地浓度均符合国家环保规范要求，确保装置和周边人员安全。

（五）应急疏散广播系统

紧急疏散广播系统在事故发生的第一时间对事故可能影响区域内的村民进行报警和通知，该系统按照接收通知终端的不同分为分址调频控制防空警报系统和分户紧急疏散广播系统，本工程主要内容为设计紧急疏散广播系统的分址调频控制防空警报系统。

分址调频控制防空警报系统通过集成分址调频广播技术和电动警报技术，在重大公共安全事故发生时，对室外居民进行报警通知，实现对室外居民的高效报警通知。

分址调频控制防空警报系统接收设备包含电动防空警报器、远程控制设备、安装附件。控制设备主要实现对警报器的开关控制。控制设备通过分址调频的方式接收报警中心发射的控制信号，该信号包含地址信息，如果控制设备的地址与接收的地址匹配，则控制设备根据指令通过继电器对警报器进行开关控制。安装附件主要包括支架（可选）、各种设备箱、固定配件和线缆套管等。

## 三、防护要求

（一）设计方面

1）合理的设计是实现"本质安全"的前提，集输系统聘请国家甲级资质的单位设计；

2）基础设计时考虑全面，充分从工艺、材料、设备、腐蚀监测与控制、仪表控制与泄漏监测等多个方面制定防护措施；

3）气田确定并实施安全设防距离标准，是根据爆炸影响半径确定的安全防护距离，集输站场一定范围内严禁人员居住。

（二）安全设施方面

1）$H_2S$ 防护设备与监测，配置固定式 $H_2S$ 监测仪，24h 连续

监测现场 $H_2S$ 浓度，监测仪探头根据现场气样测定点的数量来确定；

2）集气站场设置风向标和逃生路线；

3）在可能发生 $H_2S$ 中毒的场所，出入口设置危险危害因素告知牌和危险点分布图；在作业场所和危险点设置警示标志；$H_2S$ 危险源集中场所要划定危险区域，防止人员随意进入；

4）管道设置腐蚀监测系统，进行连续在线腐蚀监测，为防止腐蚀引起 $H_2S$ 泄漏提供依据和数据，提前进行防范；

5）安全监控措施。采气厂配置的安全集成系统综合了有毒气体报警系统、可燃气体报警系统、超温、超压报警系统、通讯指挥系统、视频监控系统、应急广播系统、门禁管理系统、周界报警系统等，作为全厂应急指挥的技术平台，大大提高了对 $H_2S$ 泄漏事故的预防和处置能力；

6）自控保护措施。采气厂生产过程中，一旦发生 $H_2S$ 泄漏事故，迅速切断气源是最有效的措施，采用 SCADA 系统能保证操作安全，可实现安全切断和安全放空；

7）截断阀室设置距离根据管线沿线地区等级及管线内 $H_2S$ 含量来确定。根据环评计算得出两座阀室之间含硫天然气的最大释放量的上限值来确定含硫气田集输管网阀室的设置数量及位置。截断阀室的功能为集气管道一旦破裂，快速截断阀能根据管线压降变化速率判断集气管道运行状态，并实行快速紧急关断操作，关闭后由人工现场复位。考虑安全可靠的原则，在管道破裂时依靠管道中的天然气压力，可自动切断管道，防止天然气大量外泄。

（三）制度方面

1）建立健全的 HSE 管理制度、岗位 HSE 职责和岗位安全操作规程；

2）建立健全各级应急预案，同时加强演练，验证预案的可行性和提出改进建议。

（四）人员方面

1）人员素质上，要求所有岗位人员取得岗位操作所必经的资格证、熟练使用各种防护用品、熟悉本单位应急预案、逃生路线和紧急集合点；

2）配备气防和应急物资。在所有可能接触有毒有害气体的岗位配备便携式检测仪、正压式空气呼吸器、防爆手电、防爆对讲机、救生绳等个人防护用品；

3）岗位员工巡检时要配戴便携式 $H_2S$ 监测仪，1 级预警阈值设置为 10ppm，2 级报警阈值设置为 20ppm，进入上述区域要时刻注意是否报警，作业时必须两人以上同行，一人操作，其他人监护；

4）岗位员工检修和抢险作业时，必须配带 $H_2S$ 监测仪和正压式空气呼吸器；

5）应急队伍素质过硬，含硫气田应急队伍由采气厂、净化厂、应急救援中心和社会应急资源组成；前期应急处置由采气厂完成；救援抢险由气田分公司应急救援中心承担；工程抢修由采气厂采气大队及厂家承担；与社会应急资源签订互助协议，提供应急期间的医疗卫生、治安保卫、交通维护和运输等应急救援保障。

（五）管理方面

1）严禁超温超压运行，违章作业；

2）实行严格的门禁管理，掌握区域内人数和防止无关人员进入；

3）厂、站所有门口设置明显的安全警示告知牌，告之附近居民可能存在的危险、危害及安全注意事项。同时调查附近居民分布情况，掌握其最有效的联系方式；

4）充分考虑与地方政府的应急联动，出现三级以上泄漏事件，通过应急疏散广播对当地居民进行通知和疏散。

## 四、事件应急响应

### (一)现场应急处置原则

1. 岗位人员应急处置原则

先保护，后确认；先处置，后汇报；先控制，后撤离。

1)先保护，后确认：指在个人确保安全的前提下对事故直接原因进行确认。

2)先处置，后汇报：紧急情况下先进行技术处置，然后按程序汇报。

3)先控制，后撤离：指站场人员撤离时首先将站场关断，然后撤离。

2. 工艺处置原则

1)迅速关断，切断气源。

2)能保压，不放空；能放空，不外泄。

3)就近截断，就近放空；避免小泄露，大关断。

主要目的是把含 $H_2S$ 天然气体总的泄漏量控制到最小、对生产造成的影响降低到最低。

3. 针对含 $H_2S$ 天然气体泄漏源处点(灭)火原则

1)泄漏源处火未着，放空点火要优先；泄漏源处火已着，降温、防爆排在前。

2)场内泄漏不点火，控制势态不扩大；管道泄漏酌情定，危及生命及时点。

3)集输站场内泄漏原则上不允许点火，控制势态不扩大为原则。在泄漏局面可以控制的前提下，要采取灭火的措施。

4)为避免发生装置或人员密集区域火灾爆炸、中毒等难以挽回的巨大经济损失或势态恶化，点火、灭火都要慎重，在危及人员生命或导致工艺上无法控制的局面可能发生时，应视具体情况，由现场最高级别指挥人员下达点火或灭火指令。

4. 后期处理原则

检测洗消要全面，安全确认再生产。

$H_2S$ 泄漏区域，事故发生后，坑、洞、池等低洼区域要进行 $H_2S$ 检测，实施吹扫、酸碱中和、稀释等方式，消除残留的 $H_2S$。在安全的条件下，再进行恢复生产工作。

(二)应急处置要求

1. 高含硫化氢天然气泄漏、逸散时

1)迅速佩带正压式空气呼吸器，立即启动相应级别逻辑关断，发出 $H_2S$ 报警信号，封闭事故现场，控制事态发展；

2)抢救现场中毒人员，进行交通管制，设立隔离区；

3)监测 $H_2S$ 浓度，根据检测结果和现场风向，及时撤离、疏散现场及周边人员；

4)不能进入放空系统的超标 $H_2S$ 要引导至安全地带点燃后，在确保安全条件下，工程抢险队伍进行抢险作业。

2. 高含硫化氢天然气泄漏引发火灾、爆炸时

1)迅速启动相应级别逻辑关断以减少 $H_2S$ 的泄漏；

2)根据检测结果和现场风向，及时撤离、疏散现场及周边人员；

3)不能进入放空系统的超标 $H_2S$ 要引导至安全地带点燃后，然后组织现场灭火，在确保安全条件下，迅速组织工程抢险队伍进行抢险作业；

4)尽可能在 $H_2S$ 设施四周围堤，防止泄漏物扩散污染环境；

5)在泄漏没有完全处置或者人员防护没有保证的情况下，严禁对泄漏点先灭火。

3. 应急点火时

1)在泄漏无法得到有效控制，周边居民和现场人员生命受到威胁时，迅速将现场人员转移到安全地带，现场应急指挥立即下

达点火指令；

2）点火人员要佩戴正压式空气呼吸器，选择上风方向在安全区域内远程点火；

3）点火后应在下风方向，尤其是操作室、周围居民区、医院、学校等人员聚集场所进行 $SO_2$ 的浓度监测。

(三)应急响应分级

符合下列条件之一，且未得到有效控制的高含 $H_2S$ 天然气泄漏事件，为：

1. Ⅰ(中国石化)级事件

1）油田企业现有救援设施无法对事件进行有效控制，可能引发重大灾害事故，需要紧急求援；

2）一次死亡 10 人及以上的事故，或一次重伤、死亡 20 人及以上的事故；

3）一次急性中毒 50 人以上的事故；

4）直接经济损失在 1000 万元以上的事故；

5）对社会安全、环境造成重大影响，需要紧急转移安置 50000 人以上；

6）发生 $H_2S$ 泄漏事件并引起当地较大范围内恐慌，影响社会稳定。

2. Ⅱ(油田公司)级事件

1）泄漏点附近 $H_2S$ 浓度大于 100ppm；

2）一次死亡 3~9 人事故，或一次重伤、死亡 10~19 人；

3）一次急性中毒 20~49 人；

4）直接经济损失在 500 万~1000 万元之间；

5）因 $H_2S$ 泄漏对社会安全、环境造成重大影响，需要紧急转移安置 5000~50000 人；

6）分公司经危害识别、风险评估后确定的 Ⅱ 级事件。

3. Ⅲ(采气厂)级事件

1)因 $H_2S$ 泄露事件一次造成或可能造成 1～2 人死亡，或 1～9 人中毒的；

2)因 $H_2S$ 泄露事件对社会安全、环境造成较大影响，需要一次紧急转移安置 10～49 人的；

3)泄漏点附近 $H_2S$ 浓度大于 20ppm，小于 50ppm；且对泄漏点未能有效控制，泄漏仍在继续，须转移周边 500m 范围内群众的；

4)因高含 $H_2S$ 天然气泄漏造成采气厂站级关断；

5)经厂相关部门和专家危害识别、风险评估后确认为Ⅲ级的 $H_2S$ 泄露事件。

4. Ⅳ(采气大队)级事件

1) $H_2S$ 泄露事件可能造成人员中毒的；

2)因 $H_2S$ 泄露事件对社会安全、环境造成影响，需要一次紧急转移安置 3～9 人的；

3)泄漏点附近 $H_2S$ 浓度小于 20ppm，且对泄漏点未能有效控制，泄漏仍在继续，须转移周边 200m 范围内群众的；

4)因高含 $H_2S$ 天然气泄漏造成采气厂集气站场单元关断；

5)经基层单位危害识别、风险评估后确认为Ⅳ级的 $H_2S$ 泄露事件。

5. Ⅴ(集输场站)级事件

泄漏点附近 $H_2S$ 浓度小于 20ppm，且对泄漏点能有效控制。

(四)信息上报与报告内容

采气大队所属各集气(总)站场发生Ⅰ、Ⅱ、Ⅲ级事件，事发站场在启动站应急预案的同时，迅速按照采气大队总体应急预案规定的程序向采气大队应急领导小组办公室报告，最多不超过 15min。并及时根据事件发展情况确定是否越级上报。

采气队内发生Ⅳ、Ⅴ级及以下事件时，事发集气(总)站场应及时向队应急领导小组办公室报告，并及时根据事件发展情况确定是否上报采气厂应急指挥办公室。

1) 信息报告应包括但不限于以下内容：

——高含 $H_2S$ 天然气泄漏位置和泄漏量，泄漏发生时间和主要原因；

——现场状况和通往事件区域路线；

——周边居民分布情况；

——现场气象状况；

——有无发生次生事件，有无人员中毒、伤亡、数量、撤离情况；

——已采取的措施；

——建议是否启动紧急疏散广播系统；

——其他救援要求。

2) 在处理过程中，采气大队应尽快了解势态进展情况，并随时用电话、传真等方式，向采气厂应急指挥领导小组办公室报告，报告应包括但不限于以下内容：

——泄漏 $H_2S$ 变化情况，如：泄漏 $H_2S$ 浓度、泄漏量、设施压力等；

——已采取的处理措施，处理效果；

——现场事件处理应急物资储备、使用、补给情况及人员到位情况；

——若发生火灾、爆炸和(或)伴有其他有毒有害气体逸散时，对设施和人员造成的损害损伤情况；

——人员中毒、伤亡情况；

——地方政府和救援单位到位协调情况；

——道路交通、气象变化状况及现场交通管治等情况；

——其他救援要求。

3) 信息传递：

根据现场情况，由信息联络组沟通、协调地方政府开展现场应急救援工作。

## (五)现场常见管线,管线桥沟河桁架跨越与阀室泄漏事件应急处置

### 1. 管线 $H_2S$ 泄漏应急处置程序

| 步骤 | 处置 | 负责人 |
|------|------|--------|
| 发生异常 | 巡线时,岗位人员发现管线泄漏,配戴使用防护器具,利用便携式气体检测仪对泄漏气体进行定性,判断发生泄漏的管道(燃料气、酸气、污水) | 巡线人员 |
| 应急报告 | 1. 向队中心调度室报告事件发生的时间、区域、$H_2S$ 浓度 | 巡线人员 |
| | 2. 向队领导、队应急领导小组通报现场情况 | 中心调度室值班人员 |
| | 3. 向厂应急指挥领导小组办公室报告事件发生的时间、区域、$H_2S$ 浓度 | 中心调度室值班人员 |
| | 4. 向厂长、值班厂领导汇报事件发生的时间、区域、$H_2S$ 浓度 | 厂应急指挥领导小组办公室 |
| | 5. 向分公司应急指挥中心办公室汇报,请求启动分公司级应急预案,请求应急救援中心气消防、环境监测、医疗出警 | 厂应急指挥领导小组办公室 |
| 预案启动 | 启动队级应急预案 | 队领导 |
| | 启动厂级应急预案 | 厂领导 |
| 应急处置 | 一、队应急处置 | |
| | 1. 调集应急车辆,通知应急小组人员(电话通知＋短信群发) | 中心调度室值班人员 |
| | 2. 警戒疏散组:设置警戒区域,阻止无关人员、车辆进入现场;掌握泄漏管线附近周边最大安全距离内居民分布和人口数量(依据相关标准据实确定),及时向队应急领导小组请示疏散集输管线泄漏区域附近村民 | 队应急小组 |

| 步骤 | 处置 | 负责人 |
|------|------|--------|
| 应急处置 | 3. 现场处置组：1）没有队命令不许进入事发现场。2）进入事发现场前，确认 $H_2S$ 浓度，1000ppm 以上严禁进入事发现场。3）监护人员检查确认进入人员的气防器具佩戴符合要求。4）1 人进入泄漏区域检查漏点，1 人监护 | 队应急小组 |
| | 4. 物资后勤保障组：提供空呼、检测仪、工用具、配件等物资 | 队应急小组 |
| | 二、厂应急处置 | |
| | 1. 任命现场总指挥 | 厂长 |
| | 2. 通知现场总指挥和厂应急处置成员（电话通知＋短信群发），调集应急车辆 | 厂应急指挥领导小组办公室 |
| | 3. 执行现场总指挥的指令，厂应急指挥领导小组的统一指挥，采气大队与管线密切相关井站及时切换流程<br>1）执行上游井站 ESD－3 级关断（保压）<br>2）执行下游井站 ESD－3 级关断（保压）<br>3）关闭上游气站出站球阀<br>4）关闭下游来气的进站 ESDV 球阀<br>5）停用密切相关井站水套加热炉、甲醇加注泵、缓蚀剂加注泵<br>6）开启上游气站出站管线手动放空阀，放空管道内的气体，控制放空压降速率，管内保持正压，防止管内进入空气，硫化铁自燃产生火灾爆炸 | 厂现场总指挥 |
| | 4. 接队警戒疏散组请求，启动紧急疏散广播系统，按《$H_2S$ 泄漏应急疏散方案》疏散集输管线泄漏区域周边村民 | 厂应急指挥领导小组办公室 |
| | 5. 启动厂镇、站村联动，向地方政府预警 | 厂应急指挥领导小组办公室 |
| 应急终止 | 泄漏源已有效控制，环境污染已消除，受伤人员已妥善安置，宣布应急终止，转入抢维修阶段 | 厂长 |

## 2. 管线桥沟河桁架跨越 $H_2S$ 泄漏应急处置程序

| 步骤 | 处置 | 负责人 |
|---|---|---|
| 发生异常 | 巡线时，岗位人员发现桥沟河桁架跨越管线泄漏，配戴使用防护器具，利用便携式气体检测仪对泄漏气体进行定性，判断发生泄漏的管道 | 巡线人员 |
| 应急报告 | 1. 向队中心调度室报告事件发生的时间、区域、$H_2S$ 浓度 | 巡线人员 |
| | 2. 向队领导、队应急领导小组通报现场情况 | 中心调度室值班人员 |
| | 3. 向厂应急指挥领导小组办公室报告事件发生的时间、区域、$H_2S$ 浓度 | 中心调度室值班人员 |
| | 4. 向厂长、值班厂领导汇报事件发生的时间、区域、$H_2S$ 浓度 | 厂应急指挥领导小组办公室 |
| | 5. 向分公司应急指挥中心办公室汇报，请求启动分公司级应急预案，请求应急救援中心气消防、环境监测、医疗出警 | 厂应急指挥领导小组办公室 |
| 预案启动 | 启动队级应急预案 | 队领导 |
| | 启动厂级应急预案 | 厂领导 |
| 应急处置 | 一、队应急处置 | |
| | 1. 调集应急车辆，通知应急小组人员（电话通知＋短信群发） | 中心调度室值班人员 |
| | 2. 警戒疏散组：设置警戒区域，阻止无关人员、车辆进入现场；掌握泄漏管线附近周边最大安全距离内居民分布和人口数量（依据相关标准据实确定），及时向队应急领导小组请示疏散集输管线桥沟河桁架跨越泄漏区域附近村民 | 队应急小组 |
| | 3. 现场处置组：1) 没有队命令不许进入事发现场。2) 进入事发现场前，确认 $H_2S$ 浓度，1000ppm 以上严禁进入事发现场。3) 监护人员检查确认进入人员的气防器具佩戴符合要求。4) 1 人进入泄漏区域检查漏点，1 人监护 | 队应急小组 |

| 步骤 | 处置 | 负责人 |
|---|---|---|
| | 4. 物资后勤保障组：提供空呼、检测仪、工用具、配件等物资 | 队应急小组 |
| | 二、厂应急处置 | |
| | 1. 任命现场总指挥 | 厂长 |
| | 2. 通知现场总指挥和厂应急处置成员（电话通知＋短信群发），调集应急车辆 | 厂应急指挥领导小组办公室 |
| 应急处置 | 3. 执行现场总指挥的指令，厂应急指挥领导小组的统一指挥，采气大队桁架跨越泄漏区上下游井站及时切换流程。<br>1）执行上游气井 ESD－3 级关断（保压）<br>2）关闭下游阀室 ESDV 球阀<br>3）停用上游场站水套加热炉、甲醇加注泵、缓蚀剂加注泵<br>4）开启就近气站出站管线手动放空阀，放空管道内的气体，控制放空压降速率，管内保持正压，防止管内进入空气，硫化铁自燃产生火灾爆炸 | 厂现场总指挥 |
| | 4. 接队警戒疏散组请求，启动紧急疏散广播系统，按《H_2S 泄漏应急疏散方案》疏散集输管线桥沟河桁架跨越泄漏区域周边村民 | 厂应急指挥领导小组办公室 |
| | 5. 启动厂镇、站村联动，向地方政府预警 | 厂应急指挥领导小组办公室 |
| 应急终止 | 泄漏源已有效控制，环境污染已消除，受伤人员已妥善安置，宣布应急终止，转入抢维修阶段 | 厂长 |

### 3. 阀室 $H_2S$ 泄漏应急处置程序

| 步骤 | 处置 | 负责人 |
|---|---|---|
| 发生异常 | 巡线时，岗位人员发现阀室内发生泄漏，配戴使用防护器具，利用便携式气体检测仪对泄漏气体进行定性，判断发生泄漏的部位 | 巡线人员 |
| 应急报告 | 1. 向队中心调度室报告事件发生的时间、区域、$H_2S$ 浓度 | 巡线人员 |
| | 2. 向队领导、队应急领导小组通报现场情况 | 中心调度室值班人员 |
| | 3. 向厂应急指挥领导小组办公室报告事件发生的时间、区域、$H_2S$ 浓度 | 中心调度室值班人员 |
| | 4. 向厂长、值班厂领导汇报事件发生的时间、区域、$H_2S$ 浓度 | 厂应急指挥领导小组办公室 |
| | 5. 向分公司应急指挥中心办公室汇报，请求启动分公司级应急预案，请求应急救援中心气消防、环境监测、医疗出警 | 厂应急指挥领导小组办公室 |
| 预案启动 | 启动队级应急预案 | 队领导 |
| | 启动厂级应急预案 | 厂领导 |
| 应急处置 | 一、队应急处置 | |
| | 1. 调集应急车辆，通知应急小组人员（电话通知＋短信群发） | 中心调度室值班人员 |
| | 2. 现场警戒组：设置警戒区域，阻止无关人员、车辆进入现场 | 队应急小组 |
| | 3. 现场处置组：1）没有队命令不许进入事发现场。2）进入事发现场前，确认 $H_2S$ 浓度，1000ppm 以上严禁进入事发现场。3）监护人员检查确认进入人员的气防器具佩戴符合要求。4）1 人进入泄漏区域检查漏点，1 人监护 | 队应急小组 |
| | 4. 应急疏散组：掌握泄漏管线附近周边最大安全距离内居民分布和人口数量（依据相关标准据实确定），及时向队应急领导小组请示疏散该阀室泄漏区域附近村民 | 队应急小组 |

| 步骤 | 处置 | 负责人 |
|---|---|---|
| | 5. 应急物资保障组：提供空呼、检测仪、工用具、配件等物资 | 队应急小组 |
| | 二、厂应急处置 | |
| | 1. 任命现场总指挥 | 厂长 |
| | 2. 通知现场总指挥和厂应急处置成员(电话通知＋短信群发)，调集应急车辆 | 厂应急指挥领导小组办公室 |
| 应急处置 | 3. 执行现场总指挥的指令，厂应急指挥领导小组的统一指挥，采气大队相关井站及时切换流程<br>1)执行上游相关场站 ESD－3 级关断(保压)<br>2)关闭阀室上下游截断阀<br>3)停用上游相关场站水套加热炉、甲醇加注泵、缓蚀剂加注泵<br>4)开启相邻管线手动放空阀，放空管道内的气体，控制放空压降速率，管内保持正压，防止管内进入空气，硫化铁自燃产生火灾爆炸<br>5)关闭阀室复线泄漏管线截断阀<br>6)若泄漏发生在阀室截断阀上游法兰，开启上游井站管线手动放空阀，放空管道内的气体，管道压力降至 1MPa 时放空结束，管内保持正压，防止管内进入空气，硫化铁自燃产生火灾爆炸<br>7)若泄漏发生在阀室截断阀下游法兰，关闭阀室泄漏管线下游截断阀，开启单井站复线管线手动放空阀，放空管道内的气体，管道压力降至 1MPa 时放空结束，管内保持正压，防止管内进入空气，硫化铁自燃产生火灾爆炸<br>8)若泄漏发生在阀室截断阀本体，截断阀上下流都需放空，具体步骤见上第6)、7)条 | 厂现场总指挥 |
| | 4. 接队应急疏散组请求，启动紧急疏散广播系统，按《$H_2S$ 泄漏应急疏散方案》疏散阀室集输管线泄漏区域周边村民 | 厂应急指挥领导小组办公室 |

| 步骤 | 处置 | 负责人 |
|------|------|--------|
| 应急处置 | 5. 启动厂镇、站村联动，向地方政府预警 | 厂应急指挥领导小组办公室 |
| 应急终止 | 泄漏源已有效控制，环境污染已消除，受伤人员已妥善安置，宣布应急终止，转入抢维修阶段 | 厂长 |

# 第四节　脱硫作业过程中硫化氢防护

从油气井采出的天然气内常含 $H_2S$、$CO_2$ 和有机硫化合物。$H_2S$ 与水可生成硫酸，$CO_2$ 和水能生成碳酸，因而 $H_2S$ 和 $CO_2$ 被称为酸气。含有 $H_2S$ 和硫化物的天然气称酸性天然气。天然气净化是天然气生产过程中的一个中间环节，天然气净化的目的是脱除含硫天然气中的 $H_2S$、$CO_2$、水分及其他杂质（如有机硫等），使净化后的天然气气质符合 GB17820—2012《天然气》国家标准，并将天然气中脱除的含有 $H_2S$ 的酸性气体中的元素硫回收生产硫黄产品，且使排放的尾气达到 GB16297—2012《大气污染物综合排放标准》的要求。

天然气净化一般采用甲基二乙醇胺（MDEA）法脱硫、三甘醇法脱水、常规克劳斯二级转化法硫黄回收、加氢还原吸气吸收尾气处理的工艺路线。由于净化作业处理原料气中含有高浓度 $H_2S$，硫黄回收富集酸气中含 $H_2S$，若防护不当，作业人员会发生中毒甚至死亡事故，净化设备设施受到腐蚀破坏，周围环境受到污染，危害极大。

## 一、天然气净化作业的主要工艺流程及主要设施简介

### （一）天然气净化主要工艺流程

天然气净化作业主要工艺流程如图 4-12 所示。

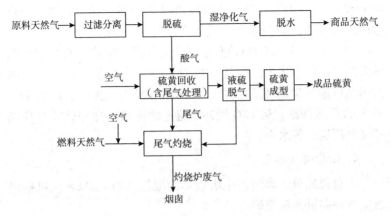

图 4-12 天然气净化作业主要工艺流程如图

### 1. 天然气预处理单元

从地层开采出来的天然气通常含有一些固体和液体杂质，这些杂质如果不及时除去，会极大影响到天然气的后继加工。因此，天然气预处理单元是通过原料天然气的气液分离、机械过滤和聚结过滤，除去天然气中的固体和液体杂质。

### 2. 脱硫单元

过滤之后的天然气进入天然气脱硫塔，在脱硫塔中，复合脱硫溶剂将原料气所含的 $H_2S$、$CO_2$ 及有机硫被吸收并达到产品规格的要求（$H_2S$ 含量低于 $20mg/m^3$、$CO_2$ 含量低于 $3mol\%$、总硫含量低于 $200mg/m^3$）。脱硫后的天然气进入天然气脱水单元。

从天然气脱硫塔底部出来的富溶剂经闪蒸后进入溶剂再生塔，富溶剂含有的 $H_2S$ 和 $CO_2$ 被解吸出来，从塔顶流出进入硫黄回收单元。

溶剂再生塔底得到的高温贫溶剂经冷却、升压后，大部分贫溶剂被送入天然气脱硫塔，一部分送往尾气处理单元。

### 3. 天然气脱水单元

来自脱硫单元的湿天然气进入脱水塔，在塔内湿天然气中的水分被三甘醇(TEG)吸收。脱水后的天然气进入净化天然气分液罐脱除可能携带的 TEG 后，进入产品气外送管网。

离开脱水塔的富 TEG 进入 TEG 闪蒸罐，在罐内 TEG 中溶解的天然气被闪蒸出来。闪蒸后的 TEG 进入 TEG 再生塔，在塔内高压蒸汽加热 TEG 脱除其中所含的水和烃类。再生后的贫 TEG 流入 TEG 缓冲罐。从 TEG 缓冲罐流出的贫 TEG 冷却后经 TEG 循环泵升压送回脱水塔。

4. 硫黄回收单元

来自脱硫单元溶剂再生塔顶部的酸性气与 CLAUS 风机提供的空气一起进入反应炉。

在反应炉中发生的主要化学反应为：

$$H_2S + 3/2O_2 \rightarrow SO_2 + H_2O \tag{4-1}$$

$$2H_2S + SO_2 \rightarrow 3/xS_x + 2H_2O \tag{4-2}$$

在反应炉中未完全反应的 $H_2S$ 和 $SO_2$ 进入一、二级反应器，在催化剂作用下按照反应式(2)继续生成 S(气态)。每一级生成的气态 S 经过对应的硫冷凝器冷却后得到液硫，来自各级硫冷凝器的液硫自流至液硫池后，在液硫池中采用循环脱气工艺，通入空气促进溶解液硫中的 $H_2S$ 析出，释放出的 $H_2S$ 送入尾气焚烧炉。脱气后的产品液硫送至液硫成型装置生产固体硫黄产品。

5. 尾气处理单元

来自硫黄回收单元的尾气进入加氢单元，与加氢进料燃烧器中反应产生的还原性气体混合进入加氢反应器，在加氢反应器内，硫黄回收单元尾气所含的 $SO_2$ 和元素硫转化为 $H_2S$。

含 $H_2S$ 的尾气经过急冷塔冷却，尾气中所含的水蒸气在急冷过程中被冷凝下来，送至酸性水汽提单元。离开急冷塔的尾气进入尾气吸收塔，在吸收塔尾气中的 $H_2S$ 几乎全部被贫溶剂吸收。从吸收塔顶部出来的尾气进入尾气焚烧炉，尾气中的 $H_2S$ 和其他硫化物在尾气焚烧炉内进行燃烧并转化为 $SO_2$，其他可燃物如烃类、氢及 CO 等也同时被完全氧化，烟气经过锅炉冷却后经烟囱排入大气。

6. 酸性水汽提单元

酸性水汽提单元处理尾气急冷塔产生的酸性水。在酸性水汽提塔内酸性水被汽提出所含的酸性气，酸性气进入尾气处理单元被脱硫溶剂吸收，最终回到硫回收单元被重新回收，产生的净化水被冷却后送至循环水场。

(二)天然气净化主要设施

在天然气净化作业中涉及到的主要设施包括：

1. 原料天然气过滤器

原料天然气过滤器是天然气净化的预处理设备，用来分离出从井场带来的固体和液体杂质，通常包括机械过滤和聚结分离两级。

2. 天然气脱硫塔

脱硫塔是湿法脱硫的主要设备。天然气在脱硫塔内与再生完全的贫脱硫溶剂，逆向充分接触脱除天然气里所含的 $H_2S$、$CO_2$ 以及低分子硫醇，达到净化天然气指标的要求。

3. 天然气脱水塔

在脱水塔内，湿净化气从底部进入，脱水溶剂从顶部进入，通过多层塔盘逆流接触，湿净化气中的水被溶剂吸收，从而使产品气水露点达到质量指标要求。

4. 克劳斯炉

克劳斯炉是硫回收的关键设备。在克劳斯炉内，酸气与空气在高温下不完全燃烧，生成大部分的硫黄。

5. 制硫催化反应器

在克劳斯炉内未反应完全的 $H_2S$ 及 $SO_2$ 气体，在催化反应器内，通过催化剂的作用继续反应生成硫单质。

6. 加氢进料燃烧炉

通过欠氧燃烧产生 $H_2$、CO 和热量，为尾气加氢反应过程提供还原性气体和反应所需要的热能。

7. 尾气焚烧炉

尾气焚烧炉是重要的环保装置，尾气处理单元未完全吸收的 $H_2S$，在这里被过氧高温灼烧，全部转化为二氧化硫，并回收热能后通过烟囱排放。

8. 火炬

火炬为净化厂最重要的安全设施，并时刻处于备用状态。当出现 $H_2S$ 泄漏不受控制或其他情况紧急停工时，可燃气体能迅速减压排放。

9. 污水处理与回注站

污水处理与回注站是净化厂必须有的环保设施，主要处理原料天然气从气井来的污水及净化厂的高浓度污水。

## 二、天然气净化中常发生腐蚀的设备和部位

### (一)原料气过滤分离设备

原料气过滤分离器的作用主要是除去原料天然气中颗粒性杂质和部分液态水，是净化厂极易腐蚀的设备之一。失效形式表现为硫化物应力开裂和氢致开裂。发生的主要部位集中在容器的中下部气液交界面、底部，个别发生在容器的封头。特别是其介质为湿含硫天然气的情况下，发生频率较高。由于无法用肉眼进行观察，又没有外在的表象，往往容易被人们所忽略。

### (二)脱硫再生塔

脱硫再生塔的作用是将富液中的 $H_2S$ 和 $CO_2$ 通过升温加热解析出来，再生后的脱硫溶液输送到脱硫吸收单元。再生塔的操作压力低，一般不超过 0.1MPa，但操作温度较高，在 100℃ 左右。工作介质成分比较复杂，有脱硫溶液、酸气、水蒸气，所以

腐蚀也是最严重的。从设备探伤检查和净化厂装置检修过程对设备的内部检查来看，再生塔塔壁、塔内构件、降液槽、半贫液入口、升气筒等腐蚀严重。

### (三)脱硫再生重沸器

重沸器内的温度高，一般都在120℃左右，脱硫溶剂经重沸器加热后，吸收了 $H_2S$、$CO_2$ 的脱硫溶剂分解释放出 $H_2S$ 和 $CO_2$。所以在重沸器上半部靠近出口处 $H_2S$、$CO_2$ 的浓度较大，腐蚀更严重。

由于溶液沸腾的影响，易造成重沸器壳体内壁、管束、内浮头及连接螺栓剥皮似的腐蚀。对于釜式重沸器，则易在重沸器内的液面处形成较深的坑状腐蚀。在热虹式重沸器管板外圈，由于溶体易处于滞留状态，容易产生沉积物而引起坑点腐蚀。

### (四)MDEA 贫富液换热器

贫富液进行热交换后富液的温度一般在 90℃左右。由于溶液中 $H_2S$ 和 $CO_2$ 以及温度均较高，电化学反应的速度较快，因此贫富液换热器的腐蚀也较严重。

换热器管程和壳程的操作介质中均含有 $H_2S$ 和 $CO_2$，管程贫液中酸气含量比壳程富液中酸气含量低得多，因此壳程腐蚀较严重。同时，热换器壳程还存在垢下腐蚀。

### (五)酸气后冷器

酸气后冷器壳程介质是酸气( $H_2S$ 和 $CO_2$ )，管程是循环水。在壳体内壁、管束、内浮头及连接螺栓会出现比较严重的腐蚀。

### 三、净化作业过程中硫化氢危害识别

$H_2S$ 广泛存在于净化厂的多个工艺流程，主要分布在脱硫、硫黄回收和尾气处理等单元。由于设备或人为因素，在开停工、日常生产及检修过程中，可能发生 $H_2S$ 泄露事故或管道腐蚀事故，这不但会引发非计划停车，对生产造成损失，而且可能危及

现场操作人员、邻近岗位人员，甚至周边群众的生命和健康。

（一）净化作业 $H_2S$ 介质分布

净化作业中 $H_2S$ 主要分布在脱硫区、再生区、硫回收区、排污放空区，主要集中在脱硫及硫回收单元，另外溶剂及尾气中也存在浓度较高的 $H_2S$。

1. 净化装置各单元 $H_2S$ 分布（表4-1）。

表4-1　净化装置各单元 $H_2S$ 分布

| 序号 | 装置单元 | $H_2S$ 出现危害部位 |
|------|----------|---------------------|
| 1 | 脱硫单元 | 原料气过滤器、脱硫塔、溶剂闪蒸罐、溶剂再生塔、活性炭过滤器以及相关排污放空管线 |
| 2 | 硫黄回收单元 | 酸性气线、克劳斯炉、一二级催化转化器、硫封罐、液硫池 |
| 3 | 尾气处理单元 | 预硫化线、加氢反应后取样点、急冷塔 |
| 4 | 酸性水汽提单元 | 酸水缓冲罐、酸水回收罐 |

2. 其他作业 $H_2S$ 分布（表4-2）。

表4-2　其他作业环节中 $H_2S$ 分布

| 序号 | 作业环节 | $H_2S$ 出现危害部位 |
|------|----------|---------------------|
| 1 | 化验室 | 主要存在于含 $H_2S$ 介质的取样器和分析 $H_2S$ 浓度的通风储柜 |
| 2 | 污水排放系统 | $H_2S$ 主要存在于下水井和污水排放口 |
| 3 | 火炬区 | 主要存在火炬水封罐酸水排放点，以及放火炬气燃烧不净产生 |

（二）净化车间日常风险操作中 $H_2S$ 风险

净化车间日常操作中的 $H_2S$ 风险见表4-3。

表 4-3 净化车间日常风险操作中 $H_2S$ 风险

| 所在单元 | 具体操作 | 存在风险 | 防护措施 |
|---|---|---|---|
| 脱硫单元 | 天然气进料过滤分离器排液 | 高压原料气串入首站，造成首站酸水气提装置超压 | 排液时加强内外超联系，严格控制液位 |
| | | 排液过程中含高浓度 $H_2S$ 酸水从法兰面泄露 | 外操排液操作佩戴空气呼吸器、必要时建立呼吸 |
| | 贫富溶剂换热器过滤器更换 | 设备开盖时含高浓度 $H_2S$ 富溶剂泄露 | 设备开盖前进行充分置换，排净存液。开盖时佩戴空呼建立呼吸，作业全过程有监护人监护 |
| | 贫溶剂过滤器更换滤芯 | 设备开盖时含低浓度 $H_2S$ 贫溶剂泄露 | 设备开盖前进行充分置换，排净存液。开盖时佩戴空呼建立呼吸，工艺操作人员监护 |
| | 原料气、胺液取样 | 取样口 $H_2S$ 泄露 | 取样操作标准化，取样全过程佩戴空呼建立呼吸，工艺操作人员监护 |
| | 输送溶剂机泵过滤器清洗 | 过滤器开盖时含高浓度 $H_2S$ 富溶剂泄露 | 开盖前进行充分置换，排净存液。开盖时佩戴空呼建立呼吸，工艺操作人员监护 |
| 硫黄回收单元 | 高含 $H_2S$ 过程气取样 | 取样口 $H_2S$ 泄露 | 取样操作标准化，取样全过程佩戴空呼建立呼吸，工艺操作人员监护 |
| 尾气处理单元 | 急冷塔加注氨气 | 加注点氨泄露 | 注氨流程标准化，一人作业、一人监护 |
| | 输送溶剂机泵过滤器清洗 | 过滤器开盖时含高浓度 $H_2S$ 富溶剂泄露 | 开盖前进行充分置换，排净存液。开盖时佩戴空呼建立呼吸，工艺操作人员监护 |

### 四、脱硫作业过程中硫化氢安全防护

由于净化厂在正常生产过程中物料具有高毒易燃的特性，因此操作条件要求严格，作业人员应严格按照安全标准化操作规程进行作业，严格执行相关规定。

（一）进入含 $H_2S$ 区域的基本规定

1）凡在含 $H_2S$ 区域的作业人员，无论主管和监护人员均应接受教育培训，经考试合格后，方可持证上岗。首次培训时间不得少于 15h，每两年复训一次，复训时间不得少于 6h。

2）作业人员经过培训，应掌握 $H_2S$ 的基本知识；相关的安全操作规程和作业管理规定；$H_2S$ 监测仪器及个体防护设备的使用；急性 $H_2S$ 中毒的急救措施等。

3）危险区域必须设置警示牌，标明逃生路线，树立明显的观察风向的标识。

4）配备适量的便携式报警仪和正压式空呼，进入含硫区域必须配戴检测报警仪，配戴好正压式空气呼吸器。

5）外来人员（含施工人员和非正式职工）必须接受短期针对性的强化培训并遵守净化厂规定。

6）对长期接触 $H_2S$ 的作业人员，应由具有资质的职业卫生技术服务机构，定期进行职业健康检查并建立职业健康档案。

（二）装置区防止硫化氢中毒注意事项

1）装置区内严禁就地排放 $H_2S$ 气体。

2）酸性气和过程气采样时必须正确佩戴正压式空气呼吸器，严格执行相关操作规程。

3）巡检时操作人员应随身携带便携式 $H_2S$ 报警仪，佩戴正压空气呼吸器，重点检查酸性气管线和设备有无泄漏，查出泄漏点，并及时汇报。

4）车间应定期对报警仪进行检查、测试，保证装置区 $H_2S$

固定式报警仪24h正常运行。当内操人员发现$H_2S$报警仪报警时，应立即联系外操人员迅速戴好空气呼吸器、便携式$H_2S$检测仪和相关安全应急器材到现场确认，确认泄漏点后应立即向当班班长报告，同时做好现场警戒，车间接到报告后迅速按照现场处置方案进行有效处置。

5)与生产无关人员进入装置区须得到相关部门许可。进入前应接受安全教育，在专人带领和监护下按相关安全管理规程执行。

6)酸性水排放尽量密闭进行，且必须有相应的安全保护措施。

7)装置停工后，酸性气出入装置管线应上好盲板，开工时有$H_2S$介质的设备和管线必须做好气密试验。

(三)岗位作业人员$H_2S$安全防护

由于操作失误及机泵密封不严或管线设备的腐蚀穿孔都会造成有毒气泄漏，严重时会造成人员中毒伤亡事故，因此，净化作业过程人员的$H_2S$安全防护非常重要。

1. 岗位作业人员$H_2S$安全防护基本要求

(1)持证上岗

所有天然气净化操作人员上岗前应经过专业的$H_2S$培训，取得相应操作资格证，并经过职业健康检查合格后方能上岗操作。

(2)熟悉使用各种防护器具

天然气净化操作人员进入含$H_2S$区域现场进行巡检或操作时，必须正确佩戴$H_2S$防护设备，如便携式$H_2S$检测仪、正压式空气呼吸器等。

(3)熟悉并严格遵守装置操作规程

天然气净化操作人员在作业过程中应熟悉并严格遵守相关净化装置操作规程。对含$H_2S$气体的气液分离罐在进行切换操作时不可敞口排放，含$H_2S$介质在采样操作时应保证在密闭系统内进行。

（4）懂得应急逃生

天然气净化操作人员必须熟悉现场的工作环境，如逃生线路、$H_2S$ 高危区域等，养成泄漏点即最高危险点的认识，时刻观察现场作业风向，一旦发现 $H_2S$ 泄漏要迅速撤离现场。

（5）定期参加应急演练

通过 $H_2S$ 泄漏及人员中毒事故定期应急演练，加强操作人员对 $H_2S$ 的认识，提高应对突发事故的应急处置能力。

2. 直接作业 $H_2S$ 安全防护

（1）进入容器作业

1）隔绝所有与检修设备相连的管线，确保与相联的容器盲板处于关闭状态。

2）初次进入受限空间作业前，应隔半小时取样两次检测 $H_2S$ 含量，合格且没有上涨趋势后方可作业。

3）检修中断后再次进行作业时应重新对 $H_2S$ 气体含量进行分析。

4）检修设备外安排专人进行监护。

（2）取样作业

1）所有取样点应设置 $H_2S$ 警告标志。

2）取样前必须佩戴好正压式空气呼吸器。

3）采样时必须有专业人员监护，采样人员和监护者应站在上风区域，保持一定安全距离。

4）取样时，下风向附近不能有人工作。

（3）进事故现场

1）养成观察风向习惯，站在上风向处理事故。

2）必须佩戴好正压式空气呼吸器，才能进入事故现场。

3）进入塔、容器、下水道等事故现场时，还需携带安全带（绳），协商好联络信号的表达方式。

3. 净化生产管理人员基本要求

天然气净化易发生 $H_2S$ 泄漏的部位为：管道焊缝、法兰、机泵密封件、排液或放空阀门、空冷堵头、取样点等部位。其中以操作失误发生的跑、冒、窜和管道焊缝因腐蚀泄漏最为常见，对这些部位应重点检查与防范。因此，对净化生产管理人员的定期检查有一定要求：

1）严格工艺纪律，加强平稳操作，防止跑、冒、滴、漏。

2）对有 $H_2S$ 泄漏的地方要加强通风措施，防止 $H_2S$ 积聚，同时加强机泵设备的维护管理，减少泄漏。

3）对存有 $H_2S$ 物料的容器、管线、阀门等设备，要定期检查更换。

4）发现 $H_2S$ 泄漏，要先报告，在采取一定的防护措施后，才能进入现场检查和处理。

（四）净化装置 $H_2S$ 腐蚀防护

净化装置 $H_2S$ 腐蚀贯穿于设计、建造及生产的各个环节，防腐工作大致可归纳为：合理的设计与选材、必要的工艺防护、严格的操作控制等。

1. 设备选材

选用碳钢和低合金钢制造压力容器时，宜选用优质低碳钢或屈服强度等于或低于 360MPa 的低合金钢，钢应为高纯度、晶粒为 6 级或更细的全镇静钢，还可以进行超声波探伤检查。

容易发生腐蚀的部位可选用奥氏体不锈钢，如重沸器管束、贫富液管束及管箱花板以及重沸器至再生塔的二次蒸气返回管线等。

2. 材料热处理

对于处理含硫天然气的设备，在设备制造好后进行整体热处理解除应力，若热处理后的设备再次动焊，必须考虑采取焊后的局部热处理措施。设备或管线在经过热处理解除应力后，还必须对焊缝进行硬度检查。操作温度超过 90℃ 的设备和管线，如再生塔、重沸器等应进行焊后热处理以消除应力，控制焊缝的热影响区的硬度小于 HB200。对于苛刻环境条件，如 pH 值低的酸性环境，焊后热处理温度不应低于 620℃。

### 3. 控制再生温度

重沸器及再生塔底部的温度是酸气解析程度的重要因素，温度越高，酸气解析越彻底，但是高温也加速了腐蚀。温度升高，电化学腐蚀的速度加快，温度的升高，变质产物会增加，由变质产物引起的腐蚀无疑也会加快。进入再生塔的富液管线的胺液温度最好不超过 100 ~ 104℃。

重沸器内液面要足以使全部管束浸泡其中，以免上部未浸泡的管束局部过热而造成局部腐蚀加速。重沸器管束等接触高温醇胺溶液的部位应定期维护，彻底清除管壁上的锈皮和沉积物，避免发生点蚀和垢下腐蚀。进入重沸器的蒸汽压力不宜过低，若控制过低，部分 $CO_2$ 会解析出来，对管束造成破坏。

### 4. 控制酸气负荷和溶液浓度

随着溶液胺浓度和酸气负荷的增加，腐蚀速率也随之上升。因此在实际操作过程中，应按装置设计的溶液浓度和酸气负荷进行操作，不应随意提高溶液浓度或溶液的酸气负荷，以免使设备的腐蚀加剧。

### 5. 合理选择溶液流速

胺液流速过高会因强烈的冲刷作用而破坏金属表面的保护膜，导致设备和管线腐蚀加剧，尤其对弯头的腐蚀影响最大，因此应采用合适的流速。

### 6. 使用缓蚀剂

加注缓蚀剂是一项有效、经济的工艺防腐蚀措施。该工艺使用钝化型缓蚀剂，在设备的金属表面形成一层钝化保护膜，从而使 MEA 溶液浓度可提高 30%；DEA 的溶液浓度提高到 55%，防腐效果明显。

7. 使用必要的腐蚀监测手段

在设备最容易受到腐蚀侵害的部位做挂片或探针，监测设备腐蚀状况，另外对设备管线进行定点定时测厚，做好腐蚀记录，做好腐蚀预测，及时做好预防措施。

（五）环境保护

原料天然气中的 $H_2S$ 在脱硫装置被脱除后在硫黄回收装置转化为硫黄，产生的尾气在尾气处理装置进一步加以处理，最后经过焚烧排入大气，排放气中的主要污染物为 $SO_2$。根据《大气污染物综合排放标准》GB16297—2012 的规定及等效烟囱计算公式，净化厂焚烧炉排气筒高度、最终排放速率及浓度应满足《大气污染物综合排放标准》GB16297—2012 规定。

## 五、净化作业过程中的硫化氢泄露应急响应

净化作业过程中若管线、设备因腐蚀、超压、损坏等导致 $H_2S$ 泄漏、失控，将会影响正常生产，威胁人员健康、生命安全，造成环境污染的突发事件。为应对突发事件，净化厂应建立应急组织机构，成立应急指挥小组，编制 $H_2S$ 专项应急处置方案，协调指挥应急处置方案的实施。应急指挥小组负责应急状态的信息沟通协调，传达上级指令，上级领导到现场前，协调各生产装置的安全稳定状态。

（一）现场进行 $H_2S$ 泄漏点确认

当现场发生 $H_2S$ 泄漏时，DCS 画面会显示泄漏点附近 $H_2S$ 固定报警仪报警。为防止误报警，班长应至少派相关岗位操作人员前往泄漏点附近进行查看确认。

（二）启动相应级别的应急预案

$H_2S$ 泄漏点得到确认后，按事件状态启动相应级别的应急预案。

1. 符合下列条件之一的，为Ⅰ级事件(集团公司级)

1)因 $H_2S$ 泄露事件一次造成或可能造成 10 人以上死亡，或 50 人以上中毒;

2)因 $H_2S$ 泄露事件对社会安全、环境造成特别重大影响，一次需要紧急转移安置≥1000 人及以上的;

3)发生高压气井井喷失控并伴有 $H_2S$ 有毒有害气体大面积泄漏的。

2. 符合下列条件之一的，为Ⅱ级事件(分公司级)

1)因 $H_2S$ 泄露事件一次造成或可能造成 3~9 人死亡，或 10~49人中毒的;

2)因 $H_2S$ 泄露事件对社会安全、环境造成重大影响，需要一次紧急转移安置 50~999 人;

3)经局、分公司危害识别、风险评估后确认的Ⅱ级事件。

3. 符合下列条件之一的，为Ⅲ(净化厂)级事件

1)因 $H_2S$ 泄露事件一次造成或可能造成 1~2 人死亡，或 9 人以下中毒的;

2)因 $H_2S$ 泄露事件对社会安全、环境造成较大影响，需要一次紧急转移安置 49 人以下的;

3)净化厂经危害识别、风险评估后确认的Ⅲ级事件。

4. 符合下列条件之一的，为Ⅳ(车间)级事件

1)未造成人员伤亡的 $H_2S$ 泄漏事件;

2)因 $H_2S$ 泄露事件对社会安全、环境造成一定影响的;

3)经净化厂危害识别、风险评估后确认的Ⅳ级事件。

(三) $H_2S$ 现场应急处置措施

1. 现场应急处置原则

1)应迅速抢救现场中毒人员，封闭事故现场，划定安全区域，发出 $H_2S$ 报警信号，进行交通管制，禁止无关人员进入现

场，控制事态发展；

2）监测 $H_2S$ 浓度，根据现场风向，疏散现场及周边人员；

3）现场人员生命受到威胁时，按照《SY/T 6137 含 $H_2S$ 的油气生产和天然气处理装置作业的推荐做法》执行；

4）条件允许时，迅速组织应急救援队伍抢装控制设施，切断 $H_2S$ 的泄漏。

2. 现场应急处置措施分为四路同时进行

第一路：抢救现场中毒者；

第二路：对泄漏点进行堵漏处理；

第三路：人员疏散与拉警界线；

第四路：接引专业救援队伍现场处置。

(1)抢救现场中毒人员

$H_2S$ 中毒现场应保证现场急救、撤离护送、转动抢救通道的畅通，以便在最短时间内使中毒者得到及时救治。

现场抢救人员在进入中毒区域救人前必须先做好自我保护，正确佩戴正压式空气呼吸器，立即将 $H_2S$ 中毒人员搬离毒气区，到上风口对中毒人员进行现场人工呼吸或心肺复苏，并送达有条件抢救的医疗单位。

(2)对泄漏点进行堵漏处理

在对现场中毒人员进行抢救的同时，车间应组织专业人员对 $H_2S$ 泄漏点进行堵漏处理，不能堵漏时，应想法切断泄漏源；若泄漏源较大无法进行处理时，可汇报车间领导及生产调度室，立即进行装置停工处理。

(3)人员疏散与拉警界线

A. $H_2S$ 泄漏的应急疏散基本要求

①将泄漏污染区人员迅速撤离至上风处，并立即进行隔离。应根据泄漏现场的实际情况确定隔离区域的范围，严格限制出入。

②消除所有点火源。

③合理通风，加速扩散，并喷雾状水稀释、溶解，禁止用水直接冲击泄漏物或泄漏源。

④如果安全，可考虑引燃泄漏物以减少有毒气体扩散。

⑤较大规模泄漏时，必须及时做周围人员及居民的紧急疏散工作。

⑥根据泄漏地区的地貌及不同风速以及可能的泄漏量，释放速率和扩散模型，确定疏散范围。

⑦紧急隔离带是以紧急隔离距离为半径的圆，非事故处理人员不得入内。

⑧下风向人员必须采取保护措施，可以采取撤离、密闭门窗等有效措施，并保持通讯畅通以听从指挥。

B. 拉警界线

当 $H_2S$ 泄漏事故发生时，应对危险区内的事故现场进行隔离，隔离区的划定以保护四周无危险为宜。具体范围应根据事故的大小程度而划定，组织人员拉事故现场隔离带，划好警界线，同时对现场周围区域的道路拉警界线，疏导交通，等待外部支援力量的到来。

（4）接引专业救援队伍现场处置

3. 应急终止

经应急处置后，现场应急指挥部确认满足净化厂综合应急预案应急终止条件时，向净化厂应急指挥中心报告，净化厂应急指挥中心可下达应急终止指令。

4. 应急恢复

危险状态消除后，车间按正常生产程序恢复生产。事件对周边造成的影响，根据相关规定进行处置。

应急小组应组织事件调查，对事件的内外在原因进行深刻分析，编制事件处置报告，上报安全环保科。

车间对应急中消耗的应急物资进行统计并补充，确保车间内应急能力。

本章小结：主要介绍在钻井作业过程中 $H_2S$ 防护的具体做法，钻井工具的防腐，以及各工况中可能会导致 $H_2S$ 泄露的环节与应急措施，同时完善并按要求演练钻井作业 $H_2S$ 应急响应预案等；本章还介绍了各种井下作业过程中具体的人身防护措施、各种情况下的应急处置措施等以及在采集输作业过程中 $H_2S$ 不但对场站设施具有严重的腐蚀作用，而且对人体也有很大危害性，低浓度下就可以造成人体多种疾病，直至死亡。因此，在有可能出现 $H_2S$ 的地区进行采集输作业，必须对作业环境中的 $H_2S$ 进行适时检测，及时了解 $H_2S$ 存在环境和浓度，以便及时作好人员的防护并控制住 $H_2S$ 的来源，确保作业人员和设备的安全。含硫天然气净化作业现场的特殊性，决定了要对作业过程中的危险因素进行分析，以及中毒危险岗位的研究。本章总结了净化作业过程中预防 $H_2S$ 中毒、现场设施防腐的技术与措施。

**思考题：**

1. 为什么要对采集输作业环境实施 $H_2S$ 监测？

2. $H_2S$ 检测仪器报警浓度的设置有什么要求？

3. 从事采集输作业的人员常用的安全防护用品有哪些？

4. 结合自身工作实际，分析钻井作业、井下作业、采集输以及净化作业现场有哪些 $H_2S$ 容易泄漏的高危区，我们应该如何来进行人身安全防护？

5. 净化作业过程中有哪些与 $H_2S$ 相关的危险因素？

6. 净化厂设计应满足哪些具体安全要求？

7. 净化作业现场有哪些预防 $H_2S$ 中毒的管理措施？

8. 净化作业中遇到紧急情况应如何处置？

9. 原钻机试油气、修井、压裂施工现场固定式 $H_2S$ 气体检测传感器安装在现场哪些位置？

10. 井下作业施工期间 $H_2S$ 泄漏有哪些措施？

# 第五章 硫化氢、二氧化硫
# 中毒后的现场急救

在石油勘探开发过程中难免会接触 $H_2S$ 气体，现场施工作业人员掌握 $H_2S$ 的中毒机理及现场急救知识就具有了十分重要的意义，这样在发生灾害事故时可以尽早展开正确的自救或互救，在出现人员因 $H_2S$ 中毒后，现场人员可最大限度避免或杜绝盲目施救，正确及时地对伤病人员采取初步急救，同时迅速与就近医疗单位或急救中心联系，这样就争取了急救最初的极为宝贵的时间，这对减轻伤病人员的病情以及减少后遗症有着积极的作用。因此，进行初步急救知识培训对减小因 $H_2S$ 中毒带来的危害是非常重要的。

## 第一节 硫化氢中毒机理及进入人体途径

$H_2S$ 是强烈的神经毒物，对粘膜亦有明显的刺激作用。长期低浓度接触 $H_2S$ 会引起结膜炎和角膜损害。较低浓度，即可引起呼吸道及眼粘膜的局部刺激作用；浓度愈高，全身性作用愈明显，表现为中枢神经系统症状和窒息症状。

### 一、硫化氢中毒机理

$H_2S$ 在水溶液中可离解成 $HS^-$、$S^{2+}$ 和 $H^+$ 离子。在生理 pH 作用下，进入体内 $H_2S$ 总量的 2/3 离解成 $HS^-$ 离子，约 1/3 为未离解的氢硫酸($H_2S$)，仅很少量离解成 $S^{2-}$，它们都具有局部刺激作用。$H_2S$ 可与组织中碱性物质结合形成硫化纳，也具有腐蚀性，从而造成眼和呼吸道的损害。$H_2S$ 主要经呼吸道进入人体内，在体内的游离 $H_2S$ 和硫化物来不及氧化时，使中枢神经麻痹，引起全身中毒反应。

**二、硫化氢进入人体的途径**

$H_2S$ 只有进入人体并与人体的新陈代谢发生作用后，才会对人体造成伤害。其进入人体的途径有三种：

(1)通过呼吸道吸入；

(2)通过皮肤吸收；

(3)通过消化道吸收。

$H_2S$ 中毒主要为口鼻吸入、皮肤接触。$H_2S$ 经粘膜吸收快，皮肤吸收甚少。经呼吸道吸入或误服含硫盐类与胃酸作用后产生 $H_2S$ 可经肠道吸收而引起中毒。

# 第二节　硫化氢及二氧化硫中毒症状分类和早期抢救方法

**一、硫化氢中毒的分类及早期抢救护理注意事项**

(一) 硫化氢中毒的分类

不同浓度下，$H_2S$ 对人体造成的伤害程度会有很大的差异，大体上 $H_2S$ 中毒可分为急性中毒和慢性中毒两大类。

1. 急性中毒

吸入高浓度的 $H_2S$ 气体会导致气喘，脸色苍白，肌肉痉挛，瘫痪。当 $H_2S$ 浓度达到 700ppm 以上时，很快失去知觉，几秒钟后就可能出现窒息，呼吸和心跳停止，如果没有外来人员及时采取措施抢救，中毒者一般无法自救，最终由于呼吸和心跳停止而迅速死亡。当遇到 $H_2S$ 浓度在 2000ppm 以上的毒气时,仅吸一口气,就可能死亡,一般很难抢救。

2. 慢性中毒

在知觉、失去知觉和死亡三者之间有一条不太明显的界限,一般认为只有 $H_2S$ 在空气中的含量达到 700ppm 时才能造成事故,使人很快失去知觉和死亡。但人长时间暴露于 $H_2S$ 浓度高于 100ppm 的空气中也有可能造成窒息和死亡(据资料介绍在 100ppm 浓度的空气中暴露 4h 以上将导致死亡)。如果人暴露在低 $H_2S$ 浓度的环境中(50~200ppm), $H_2S$ 将对人体产生慢性中毒,主要是眼睛感觉剧痛,连续咳嗽,胸闷和皮肤过敏等。

当人员受 $H_2S$ 伤害时,没有办法预测会发生什么样的后果。中毒者有可能突然倒下,在倒地之前,由于强烈的肌肉痉挛,使中毒者变得非常僵硬。因此,有些中毒者在倒下时受伤,使中毒者可能难于治疗,并可能会长时间需要某种人工呼吸器来协助和恢复呼吸。

$H_2S$ 中毒具体表现为:

低浓度,即可引起呼吸道及粘膜的局部刺激作用,浓度愈高,全身性作用愈明显,表现为中枢神经系统症状和窒息症状。

1)轻度中毒:首先出现眼部症状,流泪、眼刺痛、异物感、畏光,同时伴有呼吸道症状,呛咳、流鼻涕、咽部烧灼感,而后感到头昏、胀、眩晕、窒息感,检查可见眼结膜充血,脱离现场后 1~2d 可逐渐恢复。

2)中度中毒:多数状态下我们已经不能闻到臭鸡蛋气味,我们的嗅觉已经被 $H_2S$ 气体麻痹了。此时身体局部症状会加重,尤其是眼部和咽喉症状。同时会感到四肢乏力、心悸、呼吸困难。行动迟缓、躁动不安,甚至可能会出现抽搐、意识障碍或进入昏迷状态。

3)重度中毒:浓度超过 450ppm 以上,在局部刺激症状产生以前,首先出现头晕、心悸、呼吸困难、行动迟缓、燥动不安、抽搐、继而进入昏迷状态，此时不及时救治，就会因呼吸麻痹而死亡。

4）吸入1000ppm高浓度时，可由于呼吸麻痹而迅速发生"电击样"死亡。

人员在间隔时间很短的多次短时间低浓度暴露也会刺激眼、鼻、喉，低浓度重复暴露引起的症状常在离开 $H_2S$ 环境后的一段时间内消失。即使开始没有出现症状，频繁暴露最终也会引起刺激。

结合 SY/T6277—2005，不同浓度的 $H_2S$ 对人体造成的危害见表5-1。

表5-1　不同浓度 $H_2S$ 对人体的危害

| 空气中浓度/$(mg/m^3)$ | 生理影响及危害 |
| --- | --- |
| 0.04 | 感到臭味 |
| 0.5 | 感到明显臭味 |
| 5.0 | 有强烈的臭味 |
| 7.5 | 有不快感 |
| 15 | 刺激眼睛 |
| 35 ~ 45 | 强烈刺激粘膜 |
| 75 ~ 150 | 刺激呼吸道 |
| 150 ~ 300 | 嗅觉在15min内麻痹 |
| 300 | 暴露时间长则有中毒症状 |
| 300 ~ 450 | 暴露1h引起亚急性中毒 |
| 375 ~ 525 | 4 ~ 8h内有生命危险 |
| 525 ~ 600 | 1 ~ 4h内有生命危险 |
| 900 | 暴露30min会引起致命性中毒 |
| 1500 | 引起呼吸道麻痹，有生命危险 |
| 1500 ~ 2250 | 在数分钟内死亡 |

（二）$H_2S$ 中毒的早期抢救方法及护理注意事项

进入毒气区抢救中毒人员之前，现场抢救人员应具有自救、互救知识，自己应先戴上有效的防护用具（如正压式空气呼吸器），以防抢救者进入现场后自身中毒。现场抢救极为重要，应立即将中毒者从 $H_2S$ 溢散的现场抬到空气新鲜的地方，解开衣扣、裤带等保持其呼吸道的通畅，保持安静，注意保暖。对休克者应让其取平卧位，头稍低；对昏迷者应及时清除口腔内异物，保持呼吸道通畅。如果中毒者已经停止呼吸和心跳，应立即不停地进行人工呼吸和胸外心脏按压，直至呼吸和心跳恢复或者医生到达。有条件的可使用回生器（又叫恢复正常呼吸器）代替人工呼吸。并积极对症、支持治疗。如果中毒者没有停止呼吸，保持中毒者处于休息状态，有条件的可给予输氧。在叫医生或送到医生那里进行抢救的过程中应注意保持中毒者的体温。

在中毒者心跳停止之前，当其被转移到新鲜空气区能立即恢复正常呼吸者，可以认为中毒者已迅速恢复正常。当呼吸和心跳完全恢复后，可给中毒者喂些兴奋性饮料，如浓茶或咖啡，而且要有专人护理。如果眼睛受到轻度损害，可用干净水彻底清洗，也可进行冷敷。有眼部损伤较重者，应尽快用清水或 2% 碳酸氢钠溶液反复冲洗，再用 4% 硼酸水洗眼，并给以抗生素眼膏或眼药水点眼，或用醋酸可的松眼药水滴眼，防止结膜炎的发生。在轻微中毒的情况下，中毒人员没有完全失去知觉，如果经短暂休息后本人要求回岗位继续工作时，医生一般不要同意。应休息 $1\sim2d$。在医生证明中毒者已恢复健康可返回工作岗位之前，应把中毒者置于医疗监护之下。

急性 $H_2S$ 中毒的临床治疗目前仍无特效解毒药，以氧疗、对症、支持治疗为主。治疗时要求迅速脱离现场，保持安静、卧床休息，严密观察，注意病情变化，有条件的可进行吸氧；抢救、治疗原则以对症及支持疗法为主，积极防治脑水肿、肺水肿，早期、足量、短程使用肾上腺糖皮质激素；对中、重度中毒，有条件者应尽快安排高压氧治疗；对呼吸、心跳骤停者，立即进行心、肺复苏，待呼吸、心跳恢复后，有条件者尽快高压氧治疗，并积极对症、支持治疗。

其他处理：急性轻、中度中毒者痊愈后可恢复原工作，重度中毒者经治疗恢复后应调离原工作岗位。

## 二、二氧化硫的中毒分类及早期抢救护理注意事项

### （一）二氧化硫的中毒分类

1. 急性中毒

吸入一定浓度的 $SO_2$ 会引起人身伤害甚至死亡。暴露浓度低于 $54mg/m^3$（20ppm），会引起眼睛、喉、呼吸道的炎症，胸痉挛和恶心。暴露浓度超过 $54mg/m^3$（20ppm），可引起明显的咳嗽、打喷嚏、眼部刺激和胸痉挛。暴露于 $135mg/m^3$（50ppm）中，会刺激鼻和喉，流鼻涕、咳嗽和反射性支气管缩小，使支气管黏液分泌增加，肺部空气呼吸难度立刻增加（呼吸受阻）。大多数人都不能在这种空气中承受 15min 以上。有报道暴露于高浓度中产生的剧烈的反应不仅包括眼睛发炎、恶心、呕吐、腹痛和喉咙痛，随后还会发生支气管炎和肺炎，甚至几周内身体都很虚弱。

2. 慢性中毒

有报告长时间暴露于 $SO_2$ 中可能导致鼻咽炎、嗅、味觉的改变、气短和呼吸道感染危险增加，并有可能增加砒霜或其他致癌物的致癌性。有些人明显对 $SO_2$ 过敏。肺功能检查发现在短期和长期暴露后功能有衰减。

### （二）二氧化硫中毒的急救方法

迅速将患者移离中毒现场至通风处，松开衣领，注意保暖、安静，观察病情变化；对有紫绀缺氧现象患者，应立即输氧，保持呼吸道通畅，如有分泌物应立即吸取。如发现喉头水肿痉挛和堵塞呼吸道时，应立即作气管切开；对呼吸道刺激，可给2% ～

5%碳酸氢钠溶液雾化吸入，每日三次，每次 10min；防治肺水肿，宜根据病情，及早、适量、短期应用糖皮质激素；合理应用抗生素以防治继发感染；眼损伤，用大量生理盐水或温水冲洗，滴入醋酸可的松溶液和抗生素，如有角膜损伤者，应由眼科及早处理。

# 第三节　硫化氢中毒急救程序

在作业现场，一旦有人因 $H_2S$ 出现中毒事故后，作业人员应首先在保证自身安全的情况下，根据当时的实际情况，将中毒人员立即脱离现场，离开污染区，转移至空气新鲜的上风方向，有条件的对患者立即给氧。通过正确及时的判断，对呼吸、心跳骤停者应立即进行现场抢救（包括人工呼吸、心脏按压），患者心跳呼吸有效恢复后，在严密监护之下立即转送医院作进一步救治。

## 一、硫化氢中毒急救步骤

当工作现场有人中毒倒地的时候，切记一定要在保证自身安全的情况下再救护他人。首先离开毒气区，按响报警器，戴上有效的正压式空气呼吸器，然后再抢救受害者。$H_2S$ 中毒急救程序应按以下步骤进行：

1）迅速撤离到安全区域；

2）发出警报；

3）佩戴好正压式空气呼吸器；

4）转移中毒者至安全区，并实施现场急救；

5）取得医疗帮助。

## 二、病人的搬运方式

将病人从毒气区拖出有三种方法：拖衣服，拖两臂，两人抬四肢法。

（一）拖两臂（图 5-1）

图 5-1　拖两臂法

　　这种技术可以用来抢救有知觉或无知觉的个体中毒者。如果中毒者无严重受伤并在水平地面即可用拖两臂法。救护过程为：救护人员从背后靠近受害者并将受害者扶起，用一条腿顶着受害者的背部将他支撑起来。两手从受害者腋下伸出放在受害者两前臂上面，抓住受害者的两前臂，然后将中毒者拉到安全地带。

（二）拖衣服（图 5-2）

图 5-2　拖衣服法

这种救护方法用在两个人救护一个有知觉的中毒者。受害者的身体不用弯曲，就可以立刻将其拉到安全地带。救护过程为：抓住受害者的衣服或衬衫领，将受害者拉到具有新鲜空气的安全地带。

（三）两人抬四肢(图5-3)

图5-3　两人抬四肢法

这种救护方法用在两个人救护一个有知觉或神智不清的中毒者。特别适合在一些受限制的救护场地下将中毒者转运到安全地带。救护过程为：两名救护人员面朝一个方向分别站在中毒者的后面，一名救护人员将手插入受害者腋下并向前抓住受害者的前臂，做法同拖两臂法一样。另一名救护人员抓住受害者膝盖后腘窝处，然后一起抬着走，将受害者抬到安全地带。

**三、硫化氢中毒现场急救原则**

$H_2S$中毒病人现场就地抢救治疗十分重要，切忌盲目转送或迁移搬动病人，以防贻误最佳抢救时机，增加患者病情的恶化或造成不必要的死亡。

1)现场就地抢救，救活病员或维持病员生命。因为空气中

H₂S 浓度极高时常在现场引起多人电击样死亡，如能及时抢救可降低死亡率、减轻病情或减少转院人数。对呼吸或心跳骤停者应立即使患者脱离现场至空气新鲜处，施行心肺复苏。有条件时立即给予吸氧。现场抢救人员应有自救互救知识，以防抢救者进入现场后自身中毒。在施行口对口人工呼吸时抢救者应防止吸入患者呼出气或衣服内逸出的 H₂S，以免发生二次中毒。

2）密切观察病员变化，维持生命体征。

3）尽快送往医院。

# 第四节　心肺复苏

将病人从毒气区救出以后，呼吸心跳停止的，应立即对病人实施心肺复苏（简称 CPR）。目的在于保护脑和心、肺等重要脏器不致达到不可逆的损伤程度，并尽快恢复自主呼吸和循环功能。

## 一、心肺复苏的历史沿革及年龄划分

现代 CPR 始于 20 世纪 60 年代，曾召开过多次 CPR 的国际会议，为规范 CPR 的操作，各国先后制定过多个 CPR 指南，如美国 1974、1980、1986、1992，欧洲 1992、1996、1998、2005。美国心脏协会基于各种数据和科学共识，最终制定心肺复苏术和急症心脏监护的操作指南，指南每五年更新一次。

最近一次更新于 2015 年 10 月 15 日，新版《美国心脏学会 CPR 和 ECC 指南》隆重登场。美国心脏学会（AHA）在 2010 版 CPR 指南的基础上进行了更新，新版指南发布在 Circulation 杂志上。新指南强调如何做到快速行动、合理培训、使用现代科技及团队协作来增加心脏骤停患者的生存几率。

快速反应，团队协作。施救者应形成综合小组，同时进行多个步骤，如同时检查呼吸和脉搏，以缩短开始首次按压的时间，以及同时进行胸外按压、开放气道、人工呼吸、设置除颤器等。

人群年龄段划分为：新生儿指出生后第一小时到一个月；婴

儿指出生后一个月到 1 岁；儿童指 1 ~ 8 岁；成人指 ≥8 岁。

## 二、参与心肺复苏的人员

CPR 是近半个世纪以来，全球最为推崇、也是普及最为广泛的急救技术，上至政府官员，下至黎民百姓都在倡导，并且身体力行。在日常生活或紧急救护中，没有比抢救心跳、呼吸停止的病人更为紧迫了——CPR 就是针对骤停的心跳、呼吸所采取的"救命技术"。

救护"新"概念如下：

救命的"黄金时刻"：几分钟至十几分钟(4min)；"第一反应者"：实施有效的初步紧急救护措施的人；现场救护：及时正确，为医院救治创造条件；EMSS：具有受理应答呼救的专业通讯指挥，承担院外救护的机构。

1) 非专业医务人员：包括警察、消防队员、机关工作人员、社区人员、高危病人的家庭成员等；往往是现场第一抢救者；可以进行初级心肺复苏操作；应当进行适当的心肺复苏培训。

2) 医学助理人员：经过正规培训的抢救人员，可以进行部分高级心肺复苏操作。

3) 医生：直接进行高级心肺复苏，指导现场进行抢救。

## 三、心脏骤停的临床表现

1) 突然意识丧失，或在短暂的抽搐后出现意识丧失(停搏 10 ~ 15s)。

2) 大动脉(颈动脉、股动脉)搏动消失。

3) 呼吸断续，呈叹息样或停止(停搏 20 ~ 30s)。

4) 皮肤苍白或紫绀(停搏 60s)。

5) 瞳孔散大，对反射消失(停搏 45s)。

## 四、心肺复苏的意义和特点

心肺复苏(Cardio-pulmonary resuscitation，CPR)是心跳呼吸

骤停后现场进行的紧急人工呼吸和心脏胸外按压(也称人工循环)的技术,是最基本的生命支持。抢救心跳呼吸骤停的基本技术完全是徒手操作,最少只需一人即可完成,方法简单,易于掌握。但要求步骤严谨、手法正确、操作有效。其目的是维持大脑血液供应,最终恢复脑功能。

心脏骤停是指各种原因引起的、在未能预计的时间内心脏突然停搏,从而导致有效心泵功能和循环突然终止,引起全身组织严重缺血、缺氧和代谢障碍,如不及时抢救可危及生命。心脏骤停不同于任何慢性病终末期的心脏停搏,若及时采取正确有效的复苏措施,病人有可能存活。

现场 CPR 的意义是因为大脑对缺氧非常敏感,脑组织虽然只占体重的 2%,其血流量却占心脏输出量的 15%,而耗氧量占全身氧耗的 20%。儿童及婴儿耗氧量竟占 50%。常温时心跳骤停 3s,患者就会头晕,10~20s 则发生晕厥,40s 左右发生惊厥,30~45s 瞳孔散大,60s 骨髓神经受抑制而呼吸停止,大小便失禁,4~6min 后脑细胞发生不可逆的损害。若在 4min 内尽速给予 CPR,成功率可达 43%~50%。超过 8min 开始抢救,则成功率几乎为零。CPR 开始得越早,其成功率越高。复苏成功率与时间的大致关系见表 5-2。

表 5-2 复苏成功率与时间的关系

| 复苏开始时间/min | 复苏成功率/% |
| --- | --- |
| <1 | 60 |
| 1~2 | 45 |
| 2~4 | 27 |
| >6 | 20 |

由于心跳呼吸骤停一般发生在家中,工作场所或野外,往往无医务人员在场,送至医院急救最快也需约 8min,远远超过了抢救的时间阈值。此时尽管将患者送到了医院,借助最先进的医疗设备和最高级的药物也无力救助患者的生命。因此,只有在现

场正确及时地施行 CPR，病人才有起死回生的希望。心肺复苏抢救的关键在及时性、正确性和现场性。

### 五、心肺复苏的生理基础

（一）主要脏器对缺血缺氧的耐受力

大脑 4 ~ 6min，小脑 10 ~ 15min，延髓 20 ~ 30min，脊髓 45min，交感神经节 60min，心肌和肾小管细胞 30min，肝细胞 1 ~ 2h，肺组织大于 2h。

（二）无氧缺血时脑细胞损伤

脑循环中断时间：10s 脑氧储备耗尽；20 ~ 30s 脑电活动消失；4min 脑内葡萄糖耗尽，糖无氧代谢停止；5min 脑内 ATP 枯竭，能量代谢完全停止；4 ~ 6min 脑神经元发生不可逆的病理改变；6h 脑组织均匀性溶解。

现场 CPR 的操作方法是口对口吹气和体外心脏按压。口对口吹气就是用抢救者呼出的气体给患者供氧。这必然产生两个问题：一是氧的含量够不够？二是呼出的 $CO_2$ 含量是否很高？正常人吸入的空气含氧量为 21%，$CO_2$ 含量为 0.4%。肺脏只吸收 20% 的氧，其余 80% 的氧原样呼出，呼出气体中 $CO_2$ 的含量为 4%。在进行复苏时，操作者毫无例外地要进行过度换气，如每分钟通气量比正常通气量大 1 倍，则其呼出的 $CO_2$ 含量降至 2%，而其耗氧量并不增加。由此可见，进行口对口吹气，供氧是充分的，能使动脉血氧饱和度接近正常，同时 $CO_2$ 排出也是充分的。

心脏按压是利用人体生理解剖的特点来进行的。通过外界施加的压力，将心脏向后压于脊柱上，使心脏内血液被排出，按压放松时胸廓因自然的弹性而扩张，胸内出现负压，大静脉血液被吸至心房内，如此反复进行，推动血液循环。有效的心脏按压排血量仅为正常心脏排血量的 25% ~ 50%，但仍可使收缩压维持在 80 ~ 110mmHg，舒张压维持在 30 ~ 50mmHg。这样的压力足以维持充分的脑部血液循环。

## 六、心肺复苏的操作及流程

CPR 的全过程可分为两个阶段：初步救生（basic life support）和进一步救生（advanced life support）。初步救生的内容 CAB 为：人工循环（C：Compressions），开放气道（A：Airway），人工呼吸（B：Breathing）。进一步救生的内容包括：继续初步救生；运用辅助设备和特殊技术建立并维持有效的通气和血液循环；心电监护与致死性心律失常的诊断与治疗；建立和保持静脉通路；使用药物和电学方法对心跳和呼吸停止的病人进行紧急治疗及保持复苏后的稳定。前者不使用器械和药物，医师之外的人员亦可实施，后者主要由医师或者由受过专业培训的急救人员在医师指导下实施。我们要求现场工作人员掌握初步救生这一步骤。初步救生和进一步救生同等重要，CPR 的成败取决于两者能否迅速而正确地实施。

现场 CPR 是救命的关键技术，参照 2015 国际 CPR 指南（以下简称指南）规定，在现场安全风险评估是安全的前提下，对经诊断为心跳呼吸骤停的患者要立即进行正确有效的徒手操作，按程序正确操作，是整个复苏的关键。

（一）心肺复苏操作步骤

1. 判断神志（图 5-4）

病人心搏呼吸突然停止时的特有表现：意识突然丧失，病人昏倒于各种场合；面色苍白或转为紫绀；瞳孔散大；部分病人可有短暂抽搐，伴头眼偏斜，随即出现全身肌肉松软。心搏呼吸停止与否，应作综合性判断，但因时间宝贵，可先判断意识，此后再作进一步判断。现场最初目击者发现患者突然倒下或突然事件中的病人没有语言、动作时，要高度考虑有心跳停止的可能，抢救者应按救护程序迅速将患者搬运到安全的地方。立即采用轻轻拍打病人肩部，在伤员的耳部高声喊叫："喂（同志）！你怎么啦?"注意拍打病人时不可用力过重，以防加重骨折等损伤。如果认识，可直接呼叫姓名。如果病人无言语和动作等行为反应，可判断丧失意识。

注意：呼唤病人时，不要抱着病人的身体猛烈摇晃，以防脊椎损伤的病人脊髓损伤加重而导致瘫痪。婴儿采用拍打婴儿足底，观察有无反应判断。

2. 高声呼救（图5-5）

意识丧失即为危险状态，故必须立即大声呼救：快来人呀！这里有人晕倒了！我是救护员，请这位先生快帮忙拨打"120"；有会救护的请和我一起来救护！

呼救的目的是叫来更多的人协助抢救，一人作 CPR 不如两人效果好，且一人操作不可能坚持较长的时间，疲劳后操作不规范、不准确，影响复苏效果。人员较多时轮流作 CPR，其他人员及时与附近急救中心或急救站联系，请医生到现场参加抢救。切勿当发现病人发生心跳骤停时就惊慌失措，弃病人于不顾而先去找人或打电话，这样就延误了抢救时机。

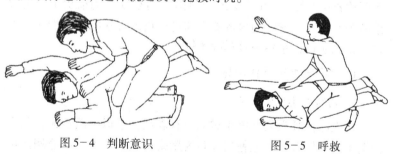

图5-4　判断意识　　　　　　图5-5　呼救

3. 放置仰卧位（图5-6）

呼救的同时，应迅速将病人摆放成仰卧位。抢救心跳呼吸骤停患者时放置的正确体位是仰卧位。只有仰卧位才能达到 CPR 的要求。病人头颈及躯干保持平直无扭曲，双手放在身体两旁。如果病人是其他体位，转动病人时应整体翻转，特别是有颈椎损伤的病人应防止颈部扭曲加重损伤。如图5-7所示。

图 5-6　放置仰卧体位

图 5-7　复苏体位

具体操作方法是：抢救者跪在病人右侧肩部水平位置，在病人躯干和自己的膝盖间留一定的空隙，以免转过来后病人的躯干压在自己的腿上，或边翻转自己的腿边往后退，一手托住颈部，另一手扶着肩部平稳地翻转至仰卧位。注意将患者放置在平整而坚硬的地方，如地面、床板等。双下肢可抬高 20°～30°角，解开病人上衣，暴露胸部。

**4. 胸外心脏按压**

胸外心脏按压的步骤和技术主要包括抢救者体位、按压部位、按压手势、按压姿势等方面。胸外心脏按压形成人工循环是心搏骤停后最首选、快速、简便、有效的方法。

（1）脉搏检查

1 岁以下触肱动脉，1 岁以上通过触摸颈动脉方法来进行判断。注意不要同时按压两侧颈动脉，以免阻断血流，影响脑部血液供应。成人通常采用触摸颈动脉的方法，因颈动脉是大动脉又靠近心脏，最易反应心脏搏动情况，而且便于触摸，易学会易掌握。医务人员检查脉搏的时间不应超过 10s，如 10s 内没有明确触摸到脉搏，应开始心肺复苏并使用自动体外除颤器（AED）（如果有的话）。

通过触摸颈动脉搏动判断循环，颈动脉位置在气管与颈部胸锁乳突肌之间的沟内。方法是一手置于病人前额使头部保持后仰，另一手触摸病人靠近抢救者一侧的颈动脉；用食指及中指指尖先触到喉部，男性可先触及喉结，然后向外后滑移 2～3cm 至胸锁乳突肌内侧缘凹陷处，在气管旁软组织深部轻轻触摸颈动脉搏动,如图5-8所示。检查时间一般不超过5~10s,以免延误抢救。

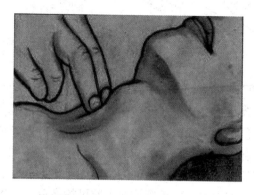

图5-8　触摸颈动脉的方法

触摸颈动脉不能用力过大,以免压迫颈动脉影响头部血供(如有心跳者),或将颈动脉推开影响感知,或压迫气道影响通气,故要轻轻触摸;不要同时触摸双侧颈动脉,以免造成头部血流中断。避免两种错误:一是病人本来有脉搏,因判断位置不准确或感知有误,结果判断病人无脉搏;二是病人本来无脉搏,而检查者将自己手指的脉搏误判为病人的脉搏;判断颈动脉搏动要综合判断,结合意识、呼吸、瞳孔、面色等。如无意识、面色苍白或紫绀,再加上触摸不到颈动脉搏动,即可判定心跳停止。因婴儿颈部短加上肥胖不易触及颈动脉搏动,可触及肱动脉。方法是将上臂外展,母指置上臂外侧,食指和中指置于上臂内侧中部。

(2)抢救者体位

抢救者位于伤病者一侧肩部,两腿自然分开与肩同宽间距,跪于该侧肩胸部水平位。避免在实施人工呼吸与胸外心脏挤压时来回移动膝部,利于操作,如图5-9、图5-10所示。

(3)按压部位(定位)

正确的胸外心脏按压部位的中点是患者胸骨中、下三分之一交界处,大约两乳头连线的中点,对此称之为胸外心脏按压点。

符合我国情况的胸外心脏按压点的定位方法有传统定位法和四点定位法。

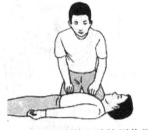
图5-9　单人胸外心脏按压位置

图5-10　双人心肺复苏位置

传统定位法：病人处于仰卧位，双手置于躯体两侧，操作者位于患者右边，用右手（如操作者在患者左边则用左手）中指沿患者右侧肋弓向上滑动，直至胸骨下切迹（以切迹作为定位标志，不要以剑突下定位）后固定不动。然后伸直该手示指，使示指和中指并拢，再将左手掌根在胸骨上紧贴右手示指即可。左手掌根与患者接触的部位即是胸外心脏按压点，如图5-11所示。注：医学上把食指叫示指。

①触及前沿肋弓向中间滑移

②确定胸骨下切迹

③另一掌根部放在按压区

图5-11　胸外心脏按压时手的传统定位法位置图

四点定位法：先将一手中指放在患者胸骨顶端的陷窝（即胸骨上窝）中作为"A点"，另一手的中指放在患者两侧肋弓交汇处（胸骨下切迹）作为"D点"，两个中指的连线即为大致的胸骨长度。双手示指叉开，作为"B点"和"C点"，将胸骨平均分为上、中、下三段，中、下段交界处即"C点"为正确的胸外心脏按压点，如图5-12、图5-13所示。

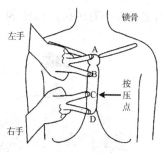

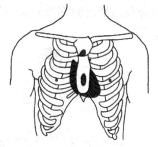

图 5-12　胸外心脏按压四点
定位法位置

图 5-13　胸外心脏按压
（按压部位）

（4）按压手势

按压在胸骨上的手不动，将定位的手抬起，用掌根重叠放在另一手的掌背上，手指交叉扣抓住下面手的手掌，下面手的手指伸直，翘起离开胸壁，这样只使掌根紧压在胸骨上。

（5）按压姿势

地上，采用跪姿，左膝平病人右肩。床旁，应站立于踏脚板，双膝平病人躯干，按压时上半身前倾，双肩部位于病人胸部正上方，腕、肘、肩关节伸直，以髋关节为支点，腰部挺直，垂直向下用力，借助上半身的重力进行按压胸骨，手掌根部始终紧贴胸部，放松不离位，如图 5-14 所示。

按压用力及方式如图 5-15、图 5-16 所示。

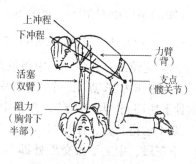

图 5-14　抢救者双臂绷直
（按压方法）

图 5-15　按压用力及方式

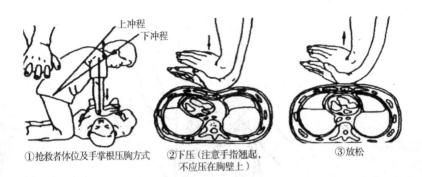

①抢救者体位及手掌根压胸方式　　②下压（注意手指翘起，不应压在胸壁上）　　③放松

图 5-16　胸外心脏按压

（6）按压频率

按压频率为每分钟 100～120 次。在胸外心脏按压过程中，要尽量避免以下情况：①按压部位错误，如偏左、偏右、偏上、偏下等；②按压手势错误，如两手掌交叉、两手掌重叠、肘部弯曲、掌面压胸壁、放松时掌根离开胸骨按压区皮肤等；③按压用力大小、方向及时间长短错误，如用力过大、用力过小、用力不垂直、左右摇摆、按压无力、按压时间过久、按压时间过短等。

（7）按压效果的判断

如两人以上抢救时，一人按压心脏如果有效，则另外一人应能触到较大动脉的搏动（如颈动脉或股动脉）。

（8）婴幼儿胸外心脏按压方法

定位：双乳连线与胸骨垂直交叉点下方 1 横指，如图 5-17 所示。

幼儿：一手手掌下压。

婴儿：环抱法，双拇指重叠下压；或一手食指、中指并拢下压（图 5-18）。

下压深度：幼儿至少 2.5～3.5cm，婴儿至少 1.5～2.5cm。

按压频率：每分钟 100～120 次。

按压应平稳有规律进行，应注意以下情况：

频率 100～120 次/分钟，按压幅度胸骨下陷 5～6cm，压下

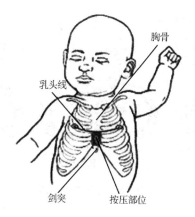

图5-17 婴幼儿胸外心脏按压位置

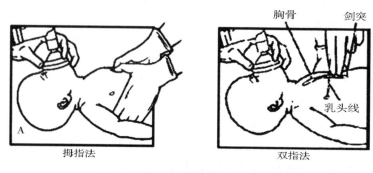

图5-18 婴幼儿胸外心脏按压方法

后应让胸廓完全回弹，压下与松开的时间基本相等，按压-通气比值为30:2(成人、婴儿和儿童)。①为确保有效按压，患者应该以仰卧位躺在硬质平面；肘关节伸直，上肢呈一直线，双肩正对双手，按压的方向与胸骨垂直；对正常体型的患者，按压幅度5~6cm；每次按压后，双手放松使胸骨恢复到按压前的位置。放松时双手不要离开胸壁。②保持双手位置固定；在一次按压周期内，按压与放松时间各为50%；每2min更换按压者，每次更换尽量在5s内完成；CPR过程中不应搬动患者并尽量减少中断。③按压要垂直，不要像揉面团一样前后左右摇晃或来回移动，否则将导致按压无效。按压时用力要均匀，不可过猛，不可呈冲击式按压，否则可能造成胸骨骨折。高龄患者骨质脆性较大，软骨韧性差，按压时尤其要小心。④按压时掌根应始终处于胸骨中线上，如果掌根偏离胸骨，就会压在肋骨上，可造成肋骨骨折，压在剑突上，可造成剑突骨折。按压时上臂要垂直，同时肘关节要伸直，操作者上臂与患者双肩的连线交角应为90°，否则按压不仅费力、效果差，而且还容易造成肋骨骨折及肝破裂等意外。

（9）高质量心肺复苏标准

按压速率为每分钟100～120次，成人按压幅度为5～6cm，保证每次按压后胸部回弹，尽可能减少胸外按压的中断，避免过度通气。

5. 开放气道

头偏向一侧，打开病人的口腔，清除口腔内各种异物如活动的假牙或牙托，痰液，血凝块，各种分泌物，呕吐物，泥沙杂草等。如无颈部创伤，清除口腔中的异物和呕吐物时，可一手按压开下颌，另一手用食指将固体异物钩出，或用指套或手指缠纱布清除口腔中的液体分泌物。

意识消失的病人，全身肌肉张力完全消失，口腔内舌肌也松弛下坠，造成舌根后坠正好堵住气道，引起上呼吸道梗阻，如图5-19所示。畅通呼吸道就是使患者头后仰，抬举下颌，使舌根向上抬起离开咽后壁，从而使呼吸道畅通，如图5-20所示，头后仰的程度要求下颌角与耳垂连线和地面垂直，如图5-21所示。动作要轻柔，用力过猛可能损伤颈椎。

图5-19　病人仰卧呼吸道梗阻　　图5-20　头后仰呼吸道畅通

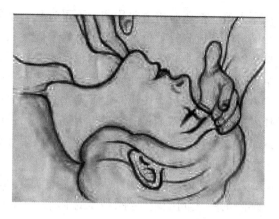

图 5-21 下颌角与耳垂连线和地面垂直图

开放呼吸道常用的有托颈法、提颏法、抬颌法、舌-颏上举法和垫肩法五种。

托颈法：操作者一手手心向下，放在患者前额上并向下加压，另一手手心向上，在患者颈下，将其颈部上抬。注意：此种方法禁用于头、颈部有外伤的患者。

提颏法：也称为仰头抬颏法，将一手放在患者前额，用手掌用力向后推额头，使头部后仰，另一手指放在下颏骨处，向上抬颏，要求使下颌尖、耳垂连线与地面垂直。向上抬动下颏时，避免用力压迫下颌部软组织，避免人为造成气道阻塞。对于创伤和非创伤的患者，均推荐使用仰头抬颏法开放气道，如图 5-22 所示。

抬颌法：操作者位于患者头部前方，将双手放在患者两侧下颌处，用双手中指、食指及无名指将患者下颌前拉，同时用双手拇指推开患者口唇，下坠的舌根离开咽后壁。此种方法力量轻柔和缓，常用于疑有颈部损伤的患者。抬颌法因其难以掌握和实施，常常不能有效地开放气道，还可能导致脊髓损伤，因而不建议基础救助者采用，如图 5-23 所示。

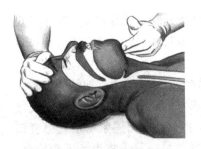

图5-22 提颏法 · · · · 图5-23 抬颌法

舌-颏上举法：操作者位于患者头部前方，将一拇指深入患者口腔内，食指放在患者颏下，将舌连同下颌骨一并提起，据说此法效果最佳。

垫肩法：推荐现场救助者使用的开放呼吸道方法；垫肩法的特点是简单易学，操作方便，复苏时无需专人持续操作，在现场急救人员较少、无法抽出专人实施开放呼吸道时可以代替传统的4种方法，适合于非专业的现场救助者使用。操作方法是将枕头或同类物品置于仰卧患者的双肩下，重力作用使患者头部自然后仰（头部与躯干的交角应＜120°），拉直下坠的舌咽部肌肉，使呼吸道通畅。由于垫肩法的易学性、易操作性和良好的效果，建议在现场急救及训练中推广该法。注意：颈椎损伤是使用垫肩法的禁忌证。

6. 人工呼吸

在打开气道的前提下立即进行人工吹气两次（人工呼吸），如图5-24、图5-25所示。

图5-24 口对口人工呼吸 · · · 图5-25 婴幼儿口
对口鼻人工呼吸

· 189 ·

人工呼吸大致可分吹气人工呼吸和面罩气囊式人工呼吸。吹气人工呼吸包括口对口吹气、口对鼻吹气、口对口鼻吹气、口咽管吹气四种，其操作方法如下：

口对口吹气：首先去除患者胸部的外在压力，如解开过紧的胸部衣扣、胸罩等；操作者采用正常的吸气（正常吸气较深吸气能够防止救助者本人发生头晕），将自己的口唇紧密覆盖患者口唇，一只手捏住患者鼻孔使其闭塞，另一只手将患者下颏抬起，同时观察患者胸部并开始吹气，吹气时不能漏气，避免多次吹气或吹入气量过大，每次吹气量 400～600mL，吹气完毕后放开紧闭的口鼻，让患者肺内气体自然流出，下次吹气时再次闭紧，这就是口对口吹气。

口对鼻吹气：首先将患者口唇闭紧，再将气体从患者鼻腔吹入；口对口鼻吹气适用于婴幼儿患者，操作者用自己的口唇同时将患者的口鼻覆盖，吹气时同时将气体从其口腔、鼻腔内吹入。

口咽管吹气：是专业急救人员抢救心搏骤停患者将空气吹入患者体内。吹气时见到患者胸部明显隆起时即可，放开后胸廓下陷并有时能听到呼吸的气流声则说明人工呼吸有效。

口对口：开放气道→捏鼻子→口对口→"正常"吸气→缓慢吹气（1s以上），胸廓明显抬起，10～12次/分→松口、松鼻→气体呼出胸廓回落，避免过度通气。

球囊面罩：仰卧、头后仰体位，抢救者位于患者头顶端，EC 手法固定面罩，如图 5-26 所示。

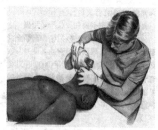

图 5-26　EC 手法固定面罩

C 法指左手拇指和食指将面罩紧扣于患者口鼻部,固定面罩,保持面罩密闭无漏气。E 法是中指,无名指和小指放在病人下颌角处,向前上托起下颌,保持气道通畅。用右手挤压,1L 球囊的 $1/2 \sim 2/3$,使胸廓扩张超过 1s。

人工呼吸应注意以下内容:①操作者口唇应与患者口或鼻衔接紧密,勿使气体从两边漏出;②吹气要自然平和,不要用力过猛,也不要突然用力,否则会使患者肺泡破裂,对婴幼儿和儿童患者尤其要注意这一点;③每次吹气量不要过多,否则空气容易进入胃内,胃内有气体容易引起胃内容反流和误吸,同时使膈肌抬高,限制肺运动并降低呼吸顺应性;④吹气时如果感到患者气道阻力很大,难以将气体吹出时,应及时调整患者体位,充分开放呼吸道;⑤首次吹气应连续吹两次,然后再配合胸外心脏按压操作。

在对 $H_2S$ 中毒者施行口对口人工呼吸时,抢救者切记要有自我保护意识,应防止吸入患者呼出气或衣服内逸出的 $H_2S$,一次吹气完毕,抢救者口鼻应尽量远离中毒者口鼻,再吸入新鲜空气。有条件者最好选用简易人工呼吸器。心肺复苏操作步骤见表 5-3。

表 5-3 心肺复苏操作步骤表

| 内容 | 建议 |
| --- | --- |
| 识别 | 无反应,没有呼吸或不能正常呼吸(仅仅是喘息) |
| | 10s 内未扪及脉搏(医务人员) |
| 心肺复苏程序 | C→A→B |
| 按压速率 | 100 ~ 120 次/分 |
| 按压幅度 | 5 ~ 6cm |
| 胸廓回弹 | 保证每次按压后胸廓回弹;2min 交换一次 |
| 气道 | 仰头提颏法(医务人员怀疑外伤:推举下颌) |
| 按压 – 通气比<br>(置入高级气道前) | 30:2 |

续表

| 内容 | 建议 |
|------|------|
| 通气：非专业或<br>不熟练时 | 单纯胸外按压 |
| 使用高级气道<br>（医务人员） | 呼吸：10～12 次/分；与胸外按压不同步<br>大约每次呼吸 1s；明显胸廓隆起 |
| 除颤 | 尽快连接并使用 AED；尽可能缩短电击前后的胸外<br>按压中断；每次电击后立即从按压开始心肺复苏 |

## （二）单一施救者的施救顺序建议

单一施救者应先开始胸外按压再进行人工呼吸（C – A – B 而非 A – B – C），以减少首次按压的时间延迟。单一施救者开始心肺复苏时应进行 30 次胸外按压后做 2 次人工呼吸（30:2）。

鼓励迅速识别无反应情况，启动紧急反应系统，鼓励非专业施救者在发现患者没有反应且没有呼吸或呼吸不正常（如喘息）时开始心肺复苏的建议。鼓励经过培训的施救者同时进行几个步骤（即同时检查呼吸和脉搏），以缩短开始首次胸部按压的时间。

## （三）心肺复苏重新评价

单人 CPR 要求每 5 个按压/通气周期（约 2min）后，再次检查和评价，如仍无循环体征，立即重新进行 CPR。双人 CPR 要求一人进行胸部按压，另一人保持患者气道通畅，并进行人工通气，同时监测颈动脉搏动，评价按压效果。如果有 2 名或更多急救者在场，应每 2min 应更换按压者，避免因劳累降低按压效果。多人进行 CPR 时，人工呼吸人工循环可轮换进行，但轮换的时间不得超过 5s。

有条件可采用直流电除颤，并给以药物处理。在有条件的情况下（一般是指在救护车内或救护车及医务人员已到达现场后）采取这些技术是消除心室肌纤维颤动的有效方法。急救药物应在专业医务人员严格掌握下使用。

安全转送医院，继续复苏。转送医院的条件为：经现场 CPR 后自主呼吸和心跳已有良好恢复或救护车和医生已到现场，在医务人员的监护下转医院进一步复苏。如途中出现心跳呼吸停止，在救护车内进行 CPR。

对于 $H_2S$ 中毒患者的抢救，必须先将患者转移至有新鲜空气的环境中，否则抢救无效，还可能带来更多的人中毒。救援人员必须加强自我保护意识，采取正确有效地救援十分关键，防止中毒事态的扩大。

### 七、心肺复苏有效指标

心肺复苏术操作是否正确，主要是靠平时严格训练，掌握正确的方法。而在急救中判断复苏是否有效，可根据面色、神志、呼吸、瞳孔四个方面综合考虑。

面色(口唇)：复苏有效，可见面色由紫绀转为红润，如病人面色变为灰白，则说明复苏无效；

神志：复苏有效时，可见病人有眼球活动，甚至手脚开始抽动、呻吟；

呼吸：自主呼吸出现，并不意味着可以停止人工呼吸，如果自主呼吸微弱，仍应坚持口对口呼吸；

瞳孔：复苏有效时，可见瞳孔由大变小，并有对光反射；如幢孔由小变大、固定，则说明复苏无效。

### 八、现场抢救人员停止心肺复苏条件

在进行现场 CPR 时，抢救人员不能随意停下心肺复苏操作，除非出现以下几种情况：威胁人员安全的现场危险迫在眼前；病人的呼吸和循环已有效恢复；已由医师接手并开始急救，或有其他人员接替急救；医师已判断病人死亡。

## 九、常用心肺复苏急救操作技术要点

### (一)口对口人工呼吸

目的是掌握口对口人工呼吸操作要领。

1. 适应症

呼吸衰竭和呼吸停止的病人。

2. 准备工作

1)将模拟人放置正确体位:仰卧位,放于平整而坚硬的地方,确保气道通畅。

2)模拟人口腔消毒。

3. 操作步骤

1)救护人员双腿跪于模拟人头部的一侧。

2)用手指清除病人口内异物,松开束缚病人身体的服饰。

3)动作轻柔,采用合适的方法充分打开病人的气道:

①托颈法:操作者一手手心向下,放在患者前额上并向下加压,另一手手心向上,在患者颈下,将其颈部上抬(注意:此种方法禁用于头、颈部有外伤的患者)。

②提颏法:也称为仰头提颏法,操作者一手置于患者前额并向下加压使其头部后仰,另一手的示指和中指置于患者下巴的凹陷中将下颏向前、向上抬起。

③抬颌法:操作者位于患者头部前方,将双手放在患者两侧下颌处,用双手中指、示指及无名指将患者下颌前拉,同时用双手拇指推开患者口唇,下坠的舌根离开咽后壁。

④舌-颏上举法:操作者位于患者头部前方,将一拇指深入患者口腔内,示指放在患者颏下,将舌连同下颌骨一并提起。

⑤推荐现场的开放呼吸道方法———垫肩法:将枕头或同类物品置于仰卧患者的双肩下,重力作用使患者头部自然后仰(头部与躯干的交角应<120°),拉直下坠的舌咽部肌肉,使呼吸道

通畅(注意：颈椎损伤是使用垫肩法的禁忌证)。

开放气道头后仰的程度要求下颌角与耳垂连线和地面垂直，动作要轻柔，用力过猛可能损伤颈椎。

4)用两层无菌纱布或薄手帕覆盖在模拟人的嘴上(无条件而病情需要时也可不用)，并用另一只空着的手捏住鼻孔，以免漏气。

5)救护人员深吸一口气后，张开口紧紧包绕模拟人的口部，用力吹气，直到模拟人胸廓明显扩张为止。每次吹气应该持续 1s以上，气量因人而异，一般为 400~600mL。

6)吹气完毕，人嘴远离模拟人口鼻，将捏住的鼻孔放开，救护人员稍抬头面侧转，观察模拟人胸部向下塌陷(注：抢救 $H_2S$中毒的病人，救护者切记要有自我保护意识，应防止吸入病人呼出气或衣服内逸出的 $H_2S$)。

7)再深吸一口气，如此有节律的反复进行，成人吹气频率一般为 10~12 次/min，儿童和婴儿为 12~20 次/min。

4. 技术要求

1)做人工呼吸前，首先要判定呼吸是否停止，并及时检查清理口鼻异物如泥沙、痰液、呕吐物、活动假牙等，松解病人衣领、内衣、裤带、胸罩等。

2)吹气用力应均匀，两嘴要对紧，手捏鼻不得漏气。

3)若病人尚有微弱自主呼吸，则人工呼吸应与病人的自主呼吸同步。

4)模拟人身强力壮，吹气量要大；体弱者，吹气量要小。

5)吹进气后，一般以模拟人胸廓稍微有隆起为最合适。

(二)口对鼻人工呼吸

其目的是掌握口对鼻人工呼吸操作要领。

1. 适应症

呼吸衰竭和呼吸停止，且有严重口腔外伤或牙关紧闭的病人。

2. 准备工作

1）将模拟人放置正确体位：仰卧位，并放于坚硬的平面上，确保气道通畅。

2）模拟人鼻腔消毒。

3. 操作步骤

1）救护人员双腿跪于模拟人头部的一侧。

2）用手指清除病人口内异物，松开束缚病人身体的服饰。

3）动作轻柔，采用合适的方法充分打开病人的气道。

①托颈法：操作者一手手心向下，放在患者前额上并向下加压，另一手手心向上，在患者颈下，将其颈部上抬（注意：此种方法禁用于头、颈部有外伤的患者）。

②提颏法：也称为仰头提颏法，操作者一手置于患者前额并向下加压使其头部后仰，另一手的示指和中指置于患者下巴的凹陷中将下颏向前、向上抬起。

③抬颏法：操作者位于患者头部前方，将双手放在患者两侧下颌处，用双手中指、示指及无名指将患者下颌前拉，同时用双手拇指推开患者口唇，下坠的舌根离开咽后壁。此种方法力量轻柔和缓，常用于疑有颈部损伤的患者。

④舌－颏上举法：操作者位于患者头部前方，将一拇指深入患者口腔内，示指放在患者颏下，将舌连同下颌骨一并提起，据说此法效果最佳。

⑤推荐现场的开放呼吸道方法—垫肩法：将枕头或同类物品置于仰卧患者的双肩下，重力作用使患者头部自然后仰（头部与躯干的交角应＜120°），拉直下坠的舌咽部肌肉，使呼吸道通畅（注意：颈椎损伤是使用垫肩法的禁忌证）。

开放气道头后仰的程度要求下颌角与耳垂连线和地面垂直，动作要轻柔，用力过猛可能损伤颈椎。

4）用一只手压住前额，另一手掌托起下颌，闭紧病人的口唇以免漏气。

5)救护人员深吸一口气后，用嘴包住病人的鼻孔吹气，造成吸气。

6)人嘴离开，连吹两次使肺腔胀满，然后使病人口腔张开，让气体逸出，完成呼气有节律的进行，每分钟约 10～12 次。

**4. 技术要求**

1)做人工呼吸前，首先要判定呼吸是否停止，并及时检查清理口鼻异物如泥沙、痰液、呕吐物、活动假牙等，松解模拟人衣领、内衣、裤带、胸罩等。

2)吹气用力应均匀，嘴和鼻要对紧不得漏气。

3)模拟人身强力壮，吹气量要大；体弱者，吹气量要小。

4)吹进气后，一般以模拟人胸廓稍微有隆起为最合适。

**(三)心肺复苏**

其目的是通过模拟人心肺复苏练习，使学员能够准确找到按压部位，采用正确按压手势、按压姿势、合适的按压力度对病人进行抢救；抢救过程中能够触摸较大动脉的搏动(如颈动脉或股动脉)对按压效果进行正确判断。

**1. 适应症**

病人呼吸、心跳骤停。

**2. 准备工作**

1)模拟人取仰卧位，放于硬平地上，并将胸部充分暴露出来，松开裤带。

2)模拟人口部用酒精消毒。

3)找到正确的按压位置，即胸骨上 2/3 与下 1/3 交界处。

**3. 操作步骤**

1)首先评估现场环境安全。

2)意识的判断；用双手轻拍病人双肩，问："喂！你怎么了?"告知无反应。

3）呼救：来人啊！喊医生！推抢救车！除颤仪！

4）摆正体位仰卧，松解衣领及裤带。在床上时去枕，垫硬板。

5）判断是否有颈动脉搏动；用右手的中指和食指从气管正中环状软骨划向近侧颈动脉搏动处，告之无搏动（数 1001，1002，1003，1004，1005…判断 5s 以上 10s 以下）。

6）无搏动者，胸外心脏按压；两乳头连线中点（胸骨中下 1/3 处），用左手掌跟紧贴病人的胸部，两手重叠，左手五指翘起，双臂伸直，用上身力量用力按压 30 次（按压频率 100～120 次／分，按压深度 5～6cm）。

7）有异物者头偏向对侧（颈椎骨折禁用）。

8）打开气道：仰头抬颌法。口腔无分泌物，无假牙。

9）人工呼吸：无呼吸或不能正常呼吸者，口对口吹气 2 次，吹气时包紧患者口部，捏紧鼻翼，时间为 1s 以上，呼气时放松鼻翼，2 次吹气之间应有间歇。

10）按压和人工呼吸的比例 30:2。

11）每 2min 的高效率的 CPR（操作 5 个周期，心脏按压开始送气结束）评估一次。

12）如无脉搏和呼吸则重复上述步骤，如有脉搏无呼吸，每 5～6s 给一次呼吸，如脉搏和呼吸恢复，测血压、脉搏、呼吸等，整理衣物，并作好抢救记录。

13）转送医院，继续治疗。

4. 技术要求

1）救护人员的动作要敏捷协调。

2）救护人员双肩位于病人胸部正上方，两肘伸直，两掌根重叠，手指联锁，在上的手指扣抓下面手掌前半部分使其离开胸壁，只让在下手掌的根部平行的按压在胸骨上，利用上身发力，以最大的冲击力量有节奏地垂直按压胸骨上 2/3 以下 1/3 交界处使之下降至少5cm，每次按压后迅速放松，使胸廓弹回原来的形状，而心脏得到舒张期充盈，按压放松的时间各50%，放松掌根不能离开按压部位。

3) 按压部位太高不仅无效，而且易发生肋骨骨折，太低易致肝、脾、胃甚至横结肠等腹部内脏的撕裂，其他并发症有气胸、血胸、心肌损伤、心包出血、脂肪栓塞等。

4) 复苏有效指标：能触摸到大动脉搏动、面色、口唇和皮肤颜色转红润，瞳孔缩小，自主呼吸恢复，睫毛反射恢复。

注：当两名救护人员进行抢救时，动作要敏捷协调，配合默契。

## 十、现场急救药品及器械附表（建议）（表5-4）

### 表5-4 现场急救药品及机械

| 序号 | 药、物品 | 单位 |
|------|---------|------|
| 1 | 体温计 | 支 |
| 2 | 手术剪 | 把 |
| 3 | 湿润烧伤膏 | 支 |
| 4 | 氯霉素眼药水 | 支 |
| 5 | 地塞米松滴眼液 | 支 |
| 6 | 速效救心丸 | 盒 |
| 7 | 氨茶碱缓释片 | 盒 |
| 8 | 云南白药 | 盒 |
| 9 | 散列痛 | 盒 |
| 10 | 654-2 片 | 瓶 |
| 11 | 地塞米松片 | 瓶 |
| 12 | 呋塞米片 | 瓶 |
| 13 | 对氨基苯丙酮片（用于 $H_2S$ 中毒） | 瓶 |

续表

| 序号 | 药、物品 | 单位 |
|------|---------|------|
| 14 | 高锰酸钾(用于烧碱) | 瓶 |
| 15 | 5%氯化铵片(用于氢氧化钙中毒) | 瓶 |
| 16 | 生理盐水(洗眼) | 瓶 |
| 17 | 双氧水 | 瓶 |
| 18 | 绷带 | 卷 |
| 19 | 胶布 | 卷 |
| 20 | 碘酒 | 瓶 |
| 21 | 止血带 | 根 |
| 22 | 三角巾 | 条 |
| 23 | 急救药箱 | 个 |
| 24 | 简易呼吸气囊 | 个 |
| 25 | 4L氧气瓶 | 个 |
| 26 | 钢制担架 | 付 |
| 27 | 季德胜蛇药 | 盒 |

## 十一、现场急救药品、物品适用范围附表(建议)(表5-5)

表5-5　现场急救药品、物品适用范围

| 序号 | 药、物品 | 用途 |
|------|---------|------|
| 1 | 4L氧气瓶 | 用于有毒气体中毒,以及窒息、中暑、哮喘等等疾病的吸氧 |
| 2 | 简易担架 | 搬运伤病员用 |
| 3 | 绷带 | 包扎伤口 |
| 4 | 胶布 | 包扎伤口 |
| 5 | 碘酒 | 外伤伤口的消毒(不应用于颜面部) |

| 序号 | 药、物品 | 用途 |
|---|---|---|
| 6 | 简易呼吸气囊 | CPR 时人工呼吸（尤其是有害气体中毒人员窒息） |
| 7 | 氯霉素眼药水 | 用于 $H_2S$、甲醇、二氧化硫、氨气等刺激性气体所引起的眼部损害 |
| 8 | 地塞米松滴眼液 | 用于 $H_2S$、甲醇、二氧化硫、氨气等刺激性气体所引起的眼部损害 |
| 9 | 止血带 | 用于四肢外伤的严重出血的止血 |
| 10 | 三角巾 | 外伤伤口的包扎固定 |
| 11 | 急救药箱 | 盛放急救药品和急救器械 |
| 12 | 速效救心丸 | 用于冠心病，心绞痛发作 |
| 13 | 氨茶碱缓释片 | 用于哮喘或急性支气管痉挛发作，对于有害气体而致的过敏性哮喘 |
| 14 | 云南白药 | 用于跌打损伤，淤血肿痛，以及溃疡病止血 |
| 15 | 散列痛 | 用于骨关节炎，急性创伤，炎症、烧烫伤等引起的疼痛 |
| 16 | 654－2 片 | 用于胃肠平滑肌痉挛疼痛，胆道绞痛，有机磷中毒救治，氨中毒时及早与地塞米松含用 |
| 17 | 地塞米松片 | 糖皮质激素类药，用于 $H_2S$、甲醇、二氧化硫的中毒抢救等早期服用 |
| 18 | 呋塞米片 | 利尿剂，用于 $H_2S$，二氧化硫，氨气，甲醇，一氧化碳等中毒引起的肺水肿，呼吸困难，现场早期用药 |
| 19 | 对氨基苯丙酮片 | $H_2S$ 中毒早期解毒剂 |
| 20 | 生理盐水 | 外伤伤口清洗及眼睛的有害气体损伤 |
| 21 | 双氧水 | 外伤伤口的消毒 |
| 22 | 湿润烧伤膏 | 用于各种烧、烫、灼伤 |
| 23 | 氯化铵片 | 用于 $H_2S$、甲醇、$SO_2$、氨气等刺激性气体吸入中毒引起的痰多胸闷、咯吐不利，5% 溶液可用于氢氧化钙损伤眼睛的冲洗。 |

本章小结：学习 $H_2S$ 中毒机理及现场急救知识十分重要，旨在在灾害事故时如何正确自救、互救，争取急救时间。$H_2S$ 主要损害人体中枢神经系统、呼吸系统等，轻者致人伤害，重者救护不及时可致死亡。中毒急救重点掌握 $H_2S$ 进入人体的途径，急救程序，病人的搬运方式，现场急救原则，心肺复苏的意义和特点，现场心肺复苏的正确操作步骤：1. 判断：有无意识，有无正常呼吸；立即启动急救系统；2. 体位：平卧、硬地板；3. C—胸外心脏按压：按压频率 100～120 次/分钟，按压深度 5～6cm，每按压心脏 30 次、吹气两次；4. A—打开气道：仰头抬颌法；5. B—人工呼吸：立即给予两次人工呼吸；6. 再判断：在胸外心脏按压和人工吹气30：2 反复共 5 个循环后，再作判断；7. 判断循环征象；8. 恢复（复原）体位，9. 安全转送医院，继续复苏。10. 心肺复苏操作方法及注意事项等。

**思考题**

1. $H_2S$ 中毒现场急救应用程序？

2. $H_2S$ 中毒的途径有哪些？

3. 将 $H_2S$ 中毒者抬离危险区的方法有哪几种？

4. 现场 CPR 的意义？

5. CPR 的完整操作步骤有哪些？

6. 胸外心脏按压术的操作要领是什么？

7. 胸外心脏按压的定位？

8. 判断昏迷患者有无心跳存在的正确方法？

9. 昏迷患者打开气道有哪几种手法？

# 附1  事故案例

## 一、天然气采气厂集气末站放空管线异常爆管事件

事故经过：2009 年 8 月 26 日，某气田 20 亿 $m^3$ 集输工程投料试车准备过程中，在集气末站对 10 线 1 号阀室至集气末站管道内的空气进行放空时，发生了放空管线爆管事件。

2009 年 8 月 26 日，集输系统按照管道气密试验方案，10线、20 线气密试验和阀室验漏结束，在集气末站放空，通过临时放空管线放至地沟，9：00 开始对 20 线放空，至 11：20 结束，然后切换流程，开始放空 10 线，先放空 1#阀室至 10 线进末站段管线。11：23，操作人员打开收球筒前的球阀、ESD 阀，将管道 10 线 1# 阀室至集气末站管道内的 10.9MPa 空气引入球筒区域，准备放空；11：25，同时打开进站放空阀和收球筒排污阀，开度分别为 1/5、1/3；11：30，发现进站放空管线外表沥青熔化，放空出口冒烟；11：33，站控室执行站场二级保压关断，关闭了进站 ESD 阀；11：34，用灭火器对放空管冒烟沥青进行喷扫，预防着火，然后人员离开；11：35，现场人员听到爆管声音，爆管处喷出气体，无烟、无火；11：50，爆管处气体释放完毕。事件造成进站放空阀前管线破裂。

事故分析：硫化亚铁自燃。此次检验阀室 BV 的密封情况，使用的介质是空气，此前 10 线 ESDV 阀与收球筒之间由于阀门内漏的原因导致残存了高压酸性天然气，这部分气体与管壁发生作用生成一定量铁的硫化物。因此，当 ESDV 阀打开后，空气与

硫化物接触发生放热，引燃天然气与空气的混合气体，产生的热量使管道温度升高，导致管道强度下降，同时自燃使管内压力迅速增加，导致管体膨胀变薄，当压力增加超过极限时，从相对薄弱的管体部起裂，导致爆管。

经验教训：1. 要充分认识到阀门内漏的巨大危害性。由于内漏具有隐蔽性，不易发现，给生产运行和日常的安全管理带来非常大的难度，特别是在开停工、检修过程中容易疏忽。因此，各相关单位在制定方案、落实措施上要充分考虑阀门内漏可能带来的危害性，特别是高酸气田阀门内漏后，后果更为严重。

2. 要充分认识硫化铁的性质与危害。硫化亚铁、二硫化铁和三硫化二铁是生产设备、储罐上氧化铁或铁与含硫物质（包括单质硫、$H_2S$ 和有机硫化物等）长期发生腐蚀作用而生成的。装置检修过程中，设备及内构件，特别是油气分离器设备的泡沫网，表面上生成的硫化铁与空气接触，便会引起自燃、冒烟。从设备或管道中清扫出来的呈疏松状的硫化铁极易与空气中的氧气发生氧化反应而产生大量热量，若不及时散发，温度达到自燃点时就会燃烧，继而引燃硫黄等可燃物质发生火灾，或引发可燃气体发生爆炸。硫化铁自燃现象在装置开、停工和停产检修时容易发生。

3. 开展危害识别和风险评价。装置在开、停工和检（维）修时，工艺主管部门必须组织有关单位领导、技术人员、安全管理人员和操作人员进行危害识别和风险评价，掌握操作薄弱环节和风险点，并制定有效控制措施，做到分析彻底，措施到位。

4. 严格执行操作规程，杜绝"三违"现象发生，不得违章指挥、违章作业。操作规程是规范操作的依据和基础，任何操作不得违反操作规程，任何操作程序上的逾越，都可能造成事故的发生。

5. 高度重视装置隔离隔断措施，保证隔断效果。设备的隔离隔断措施要尽可能采用盲板，采用氮气密封等隔断措施，要有专人管理，方案要经过审批，现场落实监护人员，并符合有关规定，要充分考虑到各种影响因素。

6. 加强员工培训，提高自我保护能力。特别是最基础的 $H_2S$ 防护、硫化亚铁自燃现象及应急处置措施的培训，使职工真正掌握硫化亚铁自燃知识，当发现温度升高、冒烟等现象时能正确处置，防止处置不当导致事故的放生。

7. 要严把方案的审批和确认关。高酸气田的开停工、检维修等施工作业方案要逐级审批，落实过程中要有专人检查，进行签字确认，责任到人。

8. 进一步加强应急预案的演练。各单位要不厌其烦地开展各种工况下的应急演练，使各级人员熟练、正确掌握从发现异常、自我保护、采取措施、应急疏散、紧急广播等各个应急程序，提高正确处理突发事件的能力。

## 二、天然气净化厂检修中毒事故

事故经过：某天然气净化厂根据工作安排于 2000 年 8 月 6 日开始对引进 50 万吨装置进行停车检修，8 月 10 日上午在对吸收塔内清洗情况进行检查时，发现塔内第 8 层未清洗干净，车间安排有关人员进塔进行清渣作业。先后有 6 人次进入塔内作业，清渣作业结束后，用水冲洗塔底，并用 3/4in 胶皮管从塔底部的富液出口管输入压缩空气。9：30 工人杨某经上部人孔进入塔内检查清洗情况，并由胡某负责监护。杨某进入塔内后，胡某喊话与其联系，发现无应答，即由另两名工人监护，胡某进入塔内，随即也失去联系。外部监护人员即带氧气呼吸器进入塔内抢救，由于塔内空间狭小（塔内径为 900mm，塔内塔盘共分 20 层，层间间距为 600mm，塔盘通道仅为 330mm×560mm 长方形），施救困难，至 11：20 胡某被救出并及时送当地医院急救；12：30 杨某被救出并送医院抢救无效死亡。胡某经抢救于 2：30 恢复神志，脱离危险。

事故原因：塔层沉积淤泥中含有 $H_2S$，当清污工人用水冲洗塔层时，冲洗水冲击淤泥，使 $H_2S$ 析出，沉降于塔底。当工人进入塔内检查清洗情况时，则发生中毒事故。

经验教训：虽然清污后进行了通风，但由于事先对 $H_2S$ 析出、沉降估计不足，通风不彻底，且未用便携式 $H_2S$ 检测仪进行 $H_2S$ 浓度检测，导致中毒事故的发生。人孔太小，致使施救困难，施救时间过长，也是导致人员死亡的因素。

### 三、天然气净化厂暗井清理 $H_2S$ 中毒事故

事故概括：2002 年 6 月 6 日，根据与当地企业签订的《临时用工协议》，由当地某企业安排 3 名民工在某天然气净化厂装置区内清理排污暗井底部污泥时，由于搅动暗井底部污泥，使 $H_2S$ 气体溢出，造成 1 名民工在暗井里轻度中毒。

事故原因：对暗井底部污泥中有毒气体危害性认识不够，污泥搅动后溢出有毒气体沉积在暗井底部，该民工未佩戴任何防护器材长时间在暗井内作业。

经验教训：未按照《受限空间作业管理规定》中有关规定采取任何措施，在施工作业过程中未落实人员进行现场监护。

### 四、天然气净化厂脱硫装置区巡检 $H_2S$ 中毒事故

事故经过：2003 年 1 月 11 日，一名操作工在脱硫装置区巡检过程中发生 $H_2S$ 中毒事故，致使 1 人中毒轻伤。

11 日 1 时 36 分引进分厂当班负责脱硫脱水装置操作的副班长，在中心控制室看见尾气处理单元低位池蒸汽引射器周围冒蒸汽较多，即通知 1 名现场操作工去关闭引射器蒸汽阀门。1 时 45 分，该班负责硫黄回收和尾气处理单元的副班长到现场巡检时，发现这名操作工扑在尾气处理单元溶液补充罐平台护栏上，且呼叫不应，判断已中毒，立即就近用现场广播电话向班长报告，班长立即组织班组员工将中毒员工抬至现场值班室急救，后经医疗单位抢救治疗恢复。

事故原因：2002 年 12 月 21 日该装置大修基本结束后，上级为缓解供气矛盾，决定该装置提前开产，在向脱硫系统打入溶液

时，因脱硫单元溶液补充泵电机发生故障不能及时修复，为保证按时开产，采取了脱硫单元溶液补充罐中的溶液用潜水泵接消防水带泵送至尾气处理单元溶液补充罐，再用尾气处理单元溶液补充泵接消防水带最后打入脱硫系统的临时措施，保证了装置按时投产。但是，装置投用后，在脱硫单元溶液补充泵电机尚未修复的情况下，对清洗富液过滤器时排到脱硫单元溶液补充罐的溶液仍然采取与前述相同的临时措施，由于对临时措施中的不安全因素估计不足，未能预见 $H_2S$ 气体从溶液中解析出来后沉积在坑池内；操作工到池内操作时又未佩戴必要的防护器具。

经验教训：相关管理人员在生产工艺流程发生重大变更时，对可能存在的危害因素没有引起足够的重视，也未执行 HSE 管理体系文件中的《变更管理程序》；相关操作人员对现场 $H_2S$ 报警仪长达 28min 报警未及时报告和处理；操作工未遵守《防 $H_2S$ 中毒安全预案》，在无人监护、又未佩戴 $H_2S$ 报警仪的情况下，进入危险区域作业。

### 五、天然气净化厂硫化亚铁自燃事故

事故经过：2010 年 7 月 15 日，某天然气净化厂四联合二系列处于停工检修状态，车间内操发现二系列尾气处理单元急冷塔 C - 401 的温度由 14 日下午 17 点的 45℃升至 69℃且仍在继续上升。车间立即将开工喷射器 EJ - 401 过程气出口手阀全开，入口手阀全关，投用开工喷射器入口管线上的氮气吹扫线，将氮气引至 C - 401，对 C - 401 进行氮气吹扫保护。2009 年 12 月 29 日，岗位工人巡检发现成型单元 1# 再熔器蒸汽伴热盘管泄漏，开展 1# 再熔器检修前准备工作，罐底仅留有少量硫黄。2010 年 1 月 3 日 7：25，硫黄成型单元岗位人员现场巡检发现 1# 再熔器内硫黄冒出蓝色火焰，且有烟雾向上空蔓延。立即启动车间应急预案：先后采用低压消防蒸汽、干粉灭火器及消防水控制火情，7：50，再熔器内明火全部扑灭。

事故原因：车间对 E - 401 进行工艺隔离的同时，C - 401 顶

部安全阀被拆走校验，拆走的安全阀管线口未做隔离，空气在安全阀管线口形成负压被抽进 C-401，引起塔内部分硫化亚铁自热或自燃，从而导致 C-401 内部温度升高。

经验教训：成型单元 1#再熔器着火，是由于再熔器及其内部的蒸汽盘管均采用碳钢材质，材料中的铁与空气中的氧气反应生成 $Fe_2O_3$，$Fe_2O_3$ 与再熔器内残留的微量 $H_2S$ 反应生成 FeS，并释放大量的热，其热量足以使单质 S 变成硫蒸汽，硫蒸汽在化学反应释放的高热量作用下，造成局部温度过高从而引发自燃着火事故。

## 六、采气井分酸分离器水样取样操作人员眩晕事件

事故经过：2009 年 10 月 16 日 14：30，技术保障站黄××、薛××与川×地质研究院陈×，到××井分酸分离器液位计取样口进行取酸液操作，站长进现场监护。

黄××办理完毕涉硫作业票，4 人配戴空呼及便携式 $H_2S$ 检测仪到取样现场后，川×地质研究院陈×负责取酸液操作，黄××、薛××、马× 3 人 1.5m 处监护，由于采用的是开放式取样，虽然大部分 $H_2S$ 及酸液被中和液中和，但微量 $H_2S$ 气体溢出，使取样点边上的固定 $H_2S$ 检测仪显示 8ppm，便携式 $H_2S$ 检测仪显示 170ppm。

15：00 酸液取样完毕，四人配戴空呼清理现场，到达站外后，薛××突然感到四肢发麻和身体发凉，保投运行的应急救援中心救护车将其扶上车进行吸氧治疗，并迅速送往医院诊治；

事故原因：

（1）在取样过程中，近距离接触 $H_2S$，技术保障站人员均高度紧张，同时便携式 $H_2S$ 检测仪现场报警，过度紧张是本次眩晕的原因之一。

（2）据本人说，在佩戴空呼时，本人将面罩拉的很紧，卸下面罩时脸部留下较深的凹痕，面部血管受压，可能是本次眩晕的原因之一。

(3)川×地质研究院采用碱液中和式取样方法，取样时将取样管从碱桶中取出放入取样瓶中，取样瓶开口，水中溶解的 $H_2S$ 气体必将溢出，方法不科学，存在安全隐患。

(4)气体取样时采用碱液中和式取样方法，如果流速控制过大，$H_2S$ 未全部中和吸收完毕，仍然会有 $H_2S$ 气体溢出。

(5)未设防爆强排风机稀释 $H_2S$ 气体。

经验教训：

(1)应向分公司申请酸气接触人员配备连体防化服全身防护；出站时及时更换。

(2)技术保障站开展气体取样操作规程和水样取样操作规程再分析工作；操作规范严格执行标准要求，在技术保障站水样取样时要实现密闭取样。

(3)以人为本，对身体不适应工作需要的人员要及时调整工作岗位。

(4)严格涉硫作业管理，凡是可能有 $H_2S$ 气体溢出的作业必须设置强排风扇。

### 七、罗家 16H 井"12.23"井喷特大事故

事故经过：2003 年 12 月 23 日 2 时 29 分，罗家 16H 井钻进至井深 4049.68m 处，因更换钻具，12：00 开始正常起钻，在起钻过程中顶驱滑轨偏移，导致挂吊卡困难，强行起钻至安全井段（井深 1948m 套管鞋内），灌满钻井液后，开始修顶驱滑轨，16：20，修顶驱滑轨结束。21：51 继续起钻至井深 195.31m 时，发现溢流 1.1m³（当班地质录井人员从监视仪上发现录井仪显示钻井液密度、电导、出口温度、烃类组分等出现异常，立即上钻台向司钻报告，司钻停止起钻，立即下放钻具至 197.31m）。21：55 抢接止回阀，抢接顶驱未成功，随即发生强烈井喷，钻杆内钻井液喷出高达 5～10m，钻具上行 2m 左右，转盘大方瓦飞出转盘。21：59 关球型、半封防喷器，钻杆内液气同喷达二层台以上。22：01 钻杆被井内压力上顶撞击在顶驱上，撞出火花引发钻

杆内喷出的天然气着火。22：03 关全封，钻杆未被剪断而发生变形，火熄灭，但井口失控。转盘面以上有约 14m 钻杆倾倒向指重表方向。22：32 向井内环空注入 $1.60g/cm^3$ 的泥浆（无法估计替入量），关油罐总闸，停泵，柴油机、发电机熄火。24：00 井队人员全部撤离现场。24 日 13：30 井口停喷，两条放喷管线放喷，井口压力 28MPa。至 24 日 16：00 点火成功时，井内高含硫天然气未点火释放持续了 18h 左右。经过周密部署和充分准备，现场抢险人员于 27 日压井成功，这次特大井喷事故终于被有效地控制住。这次事故造成井场周围居民和井队职工 243 人死亡，上万人因 $H_2S$ 中毒接受治疗，九万余人疏散转移，经济损失达8200 余万元。

事故原因：

（1）违规违章操作

罗家 16H 井在起钻前和起钻过程的一些重要环节上存在违规违章操作，这是罗家 16H 井从产生溢流到发生井喷的直接原因之一。

罗家 16H 井在起钻前最后钻进 9m 中，遇钻时加快没有引起当班人员和值班干部的重视，更没有采取任何措施如停钻、停泵观察及时发现溢流；在油气层中钻进时，未进行短程起下钻措施来检测溢流情况；起钻前钻井液循环时间严重不足，而未将井下岩屑和气体全部排除，井内钻井液密度尚未均匀就起钻，造成井底压力的降低导致井喷事故的发生。SY/T6426—2005《钻井井控技术规程》中规定"起钻前充分循环井内钻井液，使其性能均匀，进出口密度差小于 $0.02g/cm^3$"。《钻井井控技术规程》还要求，钻井液应至少循环一周。根据对罗家 16H 井井眼参数、井深及泵的排量计算，该井循环一周需 97min，而罗家 16H 井这次起钻前却只循环了 35min，进出口密度差达 $0.32g/cm^3$。

起钻时，严重违规违章操作，未按规定向井内灌满钻井液。该钻井队自己规定每起 3 柱钻杆应向井内灌满钻井液，在实际操作中，起钻一开始就是起 6 柱才灌一次钻井液，间隔时间最长的达 9 柱才灌一次钻井液。从灌钻井液的录井曲线上看，多数灌注时都没有达到泵压幅度值，且没有挂泵的持续时间，只能认定在灌钻井液时，司钻刚挂上泵就摘泵，井内根本就没有灌进钻井液。

（2）未能及时发现溢流

井控工作的关键是早发现、早关井、早处理。溢流是井喷发生的先兆。及时发现溢流，采取有效措施防止井喷、井喷失控事故的发生，是控制 $H_2S$ 溢出的最根本保证。

有资料表明罗家 16H 井在 21:51 起钻至 195.31m 时，发现溢流 1.1$m^3$（时间记录与钻井记时差 10~25min），当报告给钻台时，实际已发生了井喷。从起下钻实时报告表上，可以看出溢流开始时间为 21:42，井喷时间为 21:57。这说明，溢流的预兆发现较晚，失去了抢接回压阀的先机。因此，应强化钻井队干部在生产作业区 24h 轮流值班制度，负责检查、监督各岗位严格执行井控岗位责任制，发现问题立即督促整改。建立"坐岗"制度，定专人、定点观察溢流显示和循环池液面变化，定时将观察情况记录于"坐岗记录表"中。鉴于12.23事故的教训，目前，川渝油气田强化了"坐岗制度"，要求钻进中，钻井生产班应落实人员坐岗。起下钻、停钻或其他辅助作业时，钻井生产班和地质人员应同时落实专人坐岗，分别记录和校核钻井液循环池液面变化和灌入与返出量，有异常情况时应及时报告当班司钻。

另外，在 12 月 21 日下钻的钻具组合中，有关人员去掉回压阀，违反了"罗家16H井钻开油气层现场办公要求"的明文规定，也是导致井喷失控的直接原因之一。

经验教训：石油天然气勘探开发作业是一种高风险、高危险性作业，各种作业（如钻井、测试、油井完成、开采等）工艺的特殊性和作业场所面临的环境复杂性，使得各种突发事件随时都可能发生。正是因为这种危险性，才更加凸显出安全防范的重要。因此，必须制订一套完善的应急预案以防备突发事故的发生、减少突发事故带来的灾难。

但从 12.23 事故发生后的调查情况看，钻井队在事故应急预案的建立、实施过程中存在严重问题。包括：应急预案内容不完善，预防措施操作性差；事前没有组织相关人员进行相关提高应对事故能力的培训和演练；更没有同当地地方政府进行必要的沟通和联系，以便根据灾害可能影响的范围及时通知当地政府，做到从容应对；没有对 $H_2S$ 的危害向当地居民尽到宣传、告知的义务。事故发生后，也凸显出安全防护设备尤其是防护 $H_2S$ 危害的正压式空气呼吸器数量不够，给当时现场抢险救援工作带来较大影响。

四川石油管理局、西南油气田分公司《钻井井控规定实施细则》中 6.2.7 规定"钻井队在现场条件下不能实施井控作业而决定放喷时，放出的天然气应燃掉。"灾情发生后，有关决策人员接到现场人员关于罗家 16H 井井喷失控的报告后，未能及时决定并采取放喷管线点火措施，以致大量含有高浓度 $H_2S$ 的天然气喷出扩散，使事故进一步扩大。

## 八、西部某油气田某井井喷事故

事故经过：该井是一口重点评价井，于 2005 年 7 月 23 日开钻，11 月 8 日钻至井深 5550m，11 月 10 日完井中测，求产油压 43MPa，日产油 90m³、气 33×10⁴m³，含 $H_2S$20ppm 至 1000ppm（0.03g/m³ 至 1.5g/m³）。该井于 11 月 21 日完井，进行 VSP 测井，至 11 月 29 日正式转为试油。12 月 16 日碘量法实测 $H_2S$ 浓度为 14834ppm（22g/m³）。

该井一开用 φ311.2mm 钻头钻至井深 803.00m，下 φ244.5mm 套管至井深 803.00m；二开用 φ215.9mm 钻头钻至井深 5371.00m，φ177.8mm 套管下至井深 5369.00m；三开用 φ152.4mm 钻头钻至井深 5550.00m，回填固井至 5490.00m。油管下深 5365.73m，封隔器坐封不成功，油套管相互连通。

2005 年 12 月 24 日开始进行试油压井施工，先反挤清水

$90m^3$，再反挤高粘度钻井液，随后反挤注低黏度钻井液，此时套压下降至 0。后正挤注清水及钻井液，此时油压、套压均为 0。观察期间套压上升 $2 \sim 4MPa$，往油套管环空内注入钻井液三次，其中 26 日往油套管环空内注入钻井液后套压由 $4MPa$ 下降至 0，于是，开始卸采油树与采油四通连接处的螺丝。此时油、套压均为 0，无钻井液或油气外溢迹象，吊起采油树时井口无外溢，将采油树吊开并放到地上后约 $2min$，井口开始有轻微外溢，立即抢接变扣接头及旋塞。抢接不成功，此时泥浆喷出高度 $2m$ 左右。重新抢装采油树但不成功，井口钻井液已喷出钻台面以上高度。井队紧急启动《井喷失控应急预案》，全场立即停电、停车，并由甲方监督和平台经理组织指挥井场及营房区作业人员全部安全撤离现场。

该油气田公司接到该井井喷报告后，立即按程序向上级做了汇报，并迅速启动了油田突发事件应急救援预案，立即成立以总经理为组长的抢险工作组，第一时间赶赴现场，组织该井附近的10 家单位 1374 人全部安全撤至安全区。为确保过往车辆人身安全，该地区公安局分别对该地区公路进行了封闭，油田抢险车辆携带 $H_2S$ 监测仪和可燃气体监测仪方可通过。

26 日中午，组成的抢险小组携带 $H_2S$ 监测仪和正压式呼吸器进入井场，勘查现场情况，经检测，井场内距井口 $10m$ 左右的范围内 $H_2S$ 浓度不超标（人员从顺风口进入现场，检测仪器未显示出含 $H_2S$）。同时，该井方圆 $20km$ 以外的作业区场所，由专人负责监控现场 $H_2S$ 浓度。根据勘查结果，制定了两套压井作业方案，并报请股份公司审批。

首先，进行清障作业，清除井口采油树，推副井场，准备 4台 2000 型压裂车组，储备 $200m^3$ 水、$400m^3$ 密度为 $1.30g/cm^3$ 的压井液，从油管头四通两侧接压井管线并试压合格。于 12 月 30 进行反循环压井施工作业，共泵入密度为 $1.15g/cm^3$ 的污水 $110m^3$，压稳后抢装旋塞。然后，正反挤密度为 $1.30g/cm^3$ 的压井液 $173m^3$，事故解除。

事故原因：

（1）地质原因。该井地层属于敏感性储层，经酸压后沟通了缝洞发育的储层及喷、漏同层，造成压井液密度窗口极其狭窄，井不易压稳；

（2）工程原因。按照目前国内的试油工艺和装备，将测试井口转换成起下钻井口时，需要卸下采油树，换成防喷器组，因此，井口有一段时间处于无控状态，这是目前试油工艺存在的一个固有缺陷；

①井队对地层情况认识不足，在井口压力不稳的情况下，擅自进行拆装井口作业；

②拆卸采油树之后，未能及时抢装上旋塞；

③井队在拆装井口过程中，未及时通知试油监督和工程技术部井控现场服务人员，使整个施工过程缺乏应有的技术指导；

④井队技术力量薄弱，井队施工作业能力和应变能力较差；

⑤监督指令下达不规范。

经验教训：（1）对高含硫油气井必须给予高度重视，对高压、高产和高含硫的油井应加强防 $H_2S$ 知识的安全培训，正确认识和科学防护 $H_2S$，并明确责任；同时加强对各类危害和风险的识别评价，从技术方面制定出科学周密的措施，同时，要制定切实可行的预防和控制措施，建立针对性强的应急预案，通过加强技术力量，从源头上保证高含硫油气井的施工作业安全。

（2）应进一步加强对钻井及相关作业队伍的管理，确保作业队伍的人员素质能满足安全生产的需要。油田应进一步加强对乙方施工队伍的监督管理及培训，确保各施工作业队伍的人员有能力满足油田勘探开发生产，特别是高难度、高风险井的施工作业要求。

（3）进一步加强监督队伍的人才储备和综合素质的提高，以适应油田不断发展的需要。

（4）完善油气田试油井控实施细则，不断适应油田试油井控工作的需要。

①在细则中应补充有关试油拆装井口作业的相关内容；

②喷、漏同层或含 $H_2S$ 的井在换装井口拆采油树前，油管内必须控制，否则不准拆采油树；

③研究在不动管柱情况下的封堵工艺技术，以此封闭油气层，避开换装井口无控制环节；

④对试油、井下作业所用内防喷工具进行研究，研究带压情况下可下入和取出的内防喷工具，以确保在换装井口期间的井控安全。

### 九、社区污水井清淤硫化氢中毒事故

事故经过：2009 年 7 月 3 日下午，北京通州新华联北区 2 号楼东侧的污水井。井深约 6m，井口下方是一个沉淀池。此前，物业公司发现排水出了问题，于是开始进行维修。两天的地面工作结束后，3 日 14 时许，3 名工人下井维修，很快就没了声息。井口外的其他员工发觉后，纷纷下井救援，总计下井 10 人，都依次晕倒。在物业公司工作人员、保安继续救援的同时，有人拨打了报警电话。14 时 37 分，通州消防支队接到报警，立即派出新华街消防中队赶往现场。14 时 55 分消防员到场，已有 1 名被困者被救了出来，正躺在地上奄奄一息。在井下距离井口不远处，一名保安正试图将另一名被困者拖出来，消防员立即上前，迅速将两人救了上来。此时，事故现场气温约 37℃，地表温度超过 40℃，而井口直径只有约 80cm，如果背上呼吸器，身形魁梧的人很难下去。污水井内正在涌入大量污水，水面不断上升。15 时整，现场官兵又救出一人。指挥员向现场人员询问被困人员井下情况时，物业人员非常恐慌，反复说井下还有几个兄弟。指挥员立即将现场消防官兵分为两个战斗小组，中队抢险车车长王××、战斗员张××为第一战斗小组，随后王××、张××先后佩戴空气呼吸器，身系安全绳，下到井下救助被困人员。3min后，在王××与张××的共同努力下，将被困者管××救出。15 时 10 分，两人又用绳索将被困者陈××救出。然而，就在继续

抢救时，意外突然发生，1 名被困人员出于求生本能，在挣扎中抓到了张××的空气呼吸器吸气管，一把将张××拖进了污水里，同时将张××的空气呼吸器面罩接头搠开。现场指挥员发现后，立即组织同伴营救张××。消防员冯×15 时 11 分进入井内，与王××一起营救张××，3min 后，抢救官兵将张××救出井口，立即抬到 120 救护车送往就近医院。同时，王××也被拉了出来。第二救援小组准备下井继续施救。此时，污水井内水位不断上升，瞬间深达 3m，给营救带来极大困难。16 时 40 分，玉桥中队特勤班一部抢险车和 8 名官兵到达现场，官兵穿好防化服，佩戴呼吸器，系好安全绳随时准备下井救人。救援力量共分为 4 组，每组 3 人，轮流作业。17 时 15 分，为加快吸水速度，抽水方式由抽水车改为 3 台自吸泵吸水。水深刚刚允许时，消防员立即下井，在汹涌的污水中寻找其他受困者。4 组消防员轮流工作，至 18 时 47 分，最后 1 名被困人员被救出井口。此次事故导致 6 名物业人员和 1 名消防员不幸死亡。

事故原因：北京悦豪物业管理有限公司冯×作为分公司执行总经理，全面负责北区的安全生产工作，对有限空间作业现场检查不到位，未及时向悦豪物业公司申请相关的劳动防护用品和相关检验检测设备。事故发生后，在未采取有效安全防护措施的情况下冒然组织施救，导致事故进一步扩大，对该事故发生负有直接领导责任。邓××作为悦豪物业公司总经理，未按规定设置安全生产管理机构或配备专职安全生产管理人员；未组织制定本单位危险作业安全管理和操作规程；未进行必要的安全投入；未及时发现和消除井下作业存在的安全隐患；未组织制定和实施本单位生产安全事故应急救援预案，对该起事故发生负有直接领导责任。

经验教训：（1）广大群众对污水井常识了解不够，盲目救援，造成接力式下井晕倒这一现象。高温环境下，尤其是气压低、无风的闷热天气里，溶于水、乙醇、汽油等有机溶剂中的 $H_2S$ 可大量逸出，形成 $H_2S$ 气流，沉积于低洼处，进入这样的环境中，极易发生中毒事故。一般而言，$H_2S$ 为工业生产过程中产生的废气，但是菜场垃圾、餐厨垃圾堆积腐烂，也会产生 $H_2S$ 气体，尤其是虾、蟹、鱼肠、鱼肉等富含巯基的高蛋白动物及动物内脏堆积腐烂，可产生大量 $H_2S$ 气体；（2）条理规划，调集力量，必须做好个人安全防护，并选用正确的救生器材；（3）下井操作不宜过急，时间不宜过长，如果感到不舒服应立即出井，离开受限空间。

## 十、注水井施工 $H_2S$ 中毒事故

某井下作业队在某井进行除垢作业前的配液过程中，发生较大 $H_2S$ 中毒事故，导致 3 人死亡，1 人受伤。

1. 事故经过

某井下作业队对某注水井进行换管柱作业，在起井下管柱过程中，油管断裂，经三次冲洗打捞油管 161 根，长度 1521m。但由于井内结垢严重，无法继续打捞作业，于 12 时向甲方汇报后，甲方同意先进行除垢作业后再打捞，并下达设计变更书，并对变更设计进行技术交底。之后将储液罐的污水用罐车拉走，用铁锹对罐底污泥进行简单清理，并把 40 袋（每袋 25kg）除垢剂搬运到储液罐罐顶的平台上，面积不到 $4m^2$，4 人站在罐顶平台上向罐内倒除垢剂，17：50，当倒到 24 袋时，罐上 4 人突然昏倒，造成 3 人死亡，1 人受伤。

2. 事故原因

（1）直接原因：该井返出的污泥中含硫化亚铁，与除垢剂中主要成分氨基磺酸发生反应产生了 $H_2S$ 气体，导致人员中毒。

（2）间接原因：一是配液罐没有清理干净。特别是事前没有明确谁清理，污泥未清理干净。

二是配液罐结构不合理。罐底设计不合理，污泥清理困难；排放口，污泥清理困难；罐口设计没有扶栏导致人员中毒直接掉入罐内。

三是当时环境不利于有毒气体扩散。当天天气阴沉，无风，空气潮湿，$H_2S$ 易于聚集。

（3）管理原因：一是风险识别不到位。二是制度未落实，主要清罐未按规定执行。三是对 $H_2S$ 培训不够。

**3. 事故教训**

（1）制度要严格执行。尤其是要严格执行清罐有关规定。

（2）必须提高设备设施本质安全性能。配液罐设计如果合理，就可以避免事故。

（3）进一步提高风险识别能力。特别是一些新工艺和不常见施工危险风险。

（4）必须进一步加强员工培训。特别是对有毒危险场所防护能力知识培训。

# 附2 AQ/T 6110—2012 工业空气呼吸器安全使用维护管理规范

## 工业空气呼吸器安全使用维护管理规范

### 1 范围

本标准规定了工业用自给开路式正压空气呼吸器(以下简称空气呼吸器)的管理、使用、维护、定期技术检测等要求。

本标准适用于工业、城市公用事业等行业中使用的空气呼吸器。

本标准不适用于消防用空气呼吸器。

### 2 规范性引用文件

下列文件对于本文件的应用是必不可少的。凡是注日期的引用文件,仅注日期的版本适用于本文件。凡是不注日期的引用文件,其最新版本(包括所有的修改单)适用本文件。

GB 3836.1 爆炸性气体环境用电气设备第1部分:通用要求

GB 3836.4 爆炸性气体环境用电气设备第4部分:本质安全型"i"

GB 5099 钢质无缝气瓶

GB 13004 钢质无缝气瓶定期检验与评定

GB 14194 永久气体气瓶充装规定

GB/T 16556 自给开路式压缩空气呼吸器

GB 17264 永久气体气瓶充装站安全技术条件

GB/T 18664 - 2002 呼吸防护用品的选择、使用和维护

GB 24161 呼吸器用复合气瓶定期检验与评定

GA 124 - 2004 正压式消防空气呼吸器

BS EN 12021 呼吸防护装置? 呼吸装置压缩空气( Respiratory protective devices-Compressed air for breathing apparatus )——与正文中注不注日期应一致。

## 3 管理与培训

（1）使用单位应通过健康、安全与环境管理体系有效运行，使本标准规定的条款得以实施。

（2）使用单位应选择国家认证合格的空气呼吸器。进口的空气呼吸器应有商检合格的标志或证书。

（3）使用单位根据风险识别和环境安全评价制定呼吸保护计划，完成以下工作：

建立空气呼吸器技术档案；

制定培训计划并定期组织演练；

定期对空气呼吸器管理情况进行维护、检查、检测。

（4）空气呼吸器技术档案内容包括：

出厂合格证或质量证明文件；

空气呼吸器技术性能登记表；

空气呼吸器基本性能核查记录；

日常使用、检查和维护的记录；

空气呼吸器的定期技术检测证书；

气瓶的定期技术检验证书。

（5）根据工作场所风险识别和环境安全评价结论，依据 GB/T 18664—2002 第 4 章规定，按照工作场所可能产生的有毒有害物质毒性程度的等级、浓度和工作环境等因素选配相应的空气呼吸器和便携式监测仪器。当生产工艺有较大变动时还应重新评价。

（6）在危险性工作场所中根据有毒有害物质危害程度、可能达到的最高浓度配备足够的空气呼吸器并考虑以下原则：

——在缺氧工作场所，应按作业岗位额定人数每人配备一套。轮换作业可按实际作业人数每人配备一套；

——工作场所存在风险且距离较远不便携带，应在该工作场所配备。多个工作场所存在风险但相距较近，应选择便于取用的地点集中配置；

——在设定的逃生通道处设置存放点；

——使用频次、气源容量和备用气源数量。

（7）使用单位应采取告知、培训、监护作业等方式，保证任何使用者都能够安全、正确地使用本单位提供的空气呼吸器。

（8）使用人员应进行以下技能培训，经本单位实际考核合格。

本岗位配备的空气呼吸器结构、性能和正确使用方法：

——了解各部件的原理与性能；

——正确识别空气呼吸器及气瓶上的相关标识；

——掌握空气呼吸器部件组合及着装带调节方法；

——掌握面罩佩戴密合性检查方法及呼吸是否顺畅的检查方法；

——掌握气瓶内剩余气体能够维持呼吸的时间；

——能在60s内正确佩戴空气呼吸器；

——掌握保持平稳呼吸，延长有效使用时间的方法；

——了解佩戴空气呼吸器操作时与其他人员配合作业的注意事项；

——了解与其他防护用品配合使用时的注意事项。

了解所佩戴的空气呼吸器与工作场所危害物质的适应程度及各种浓度允许的工作时间；

了解与本岗位有关危害物质的性质及防护知识。

## 4 使用、维修、保管与报废

（1）使用

①佩戴后产生不良生理或心理反应者在作业时应慎用空气呼吸器。

②根据预判作业时间，备足备用气源。若连续工作时间较长，应采用气瓶组或其他型式空气呼吸器。

③压力表应固定在肩带易观察的位置上，并随时观察，掌握作业时间。

④尽量保持平稳呼吸，防止过快消耗压缩空气。

⑤使用空气呼吸器时应二人以上共同作业，相互监护。

⑥进入密闭环境或有限空间作业，应同时配备通讯设备，保持与外部的联系。监护指挥人员要控制使用时间，及时提醒作业人员撤离工作现场。

⑦应考虑佩戴者面部异常、毛发特征等影响面罩密封的因素。

⑧空气呼吸器不使用时，应及时关闭气瓶阀，防止泄漏瓶内压缩空气。

⑨紧急救援时，应佩戴可供两人或多人呼吸的空气呼吸器。

⑩使用中出现下列情况应立即撤离有害环境：

——空气呼吸器报警；

——呼吸时感到有异味；

——出现咳嗽、刺激、憋气恶心等不适症状；

——安全泄放装置排气；

——部件损坏；

——压力表出现不明原因的快速下降。

（2）维护

①由使用者或经过培训的专门维护人员进行维护。

②空气呼吸器每次使用后应及时清洁或消毒，并定期清洗。清洗和消毒应优先采用制造商指定或推荐的清洗方法，使用其推荐的清洗剂和消毒剂。

③按照说明书要求检查更换易损件。更换面罩、密封件、导管等零部件应使用原制造商指定的配件或在制造商指导下进行。

④空气呼吸器清洗流程和方法参见附录A。

（3）保管

①在方便使用者佩戴的固定位置存放空气呼吸器并设置醒目标志。

②及时更换有故障或超过检测期限的空气呼吸器。无法及时更换时应与完好的空气呼吸器分开存放，并有明显禁用标识。

③使用后未清洗消毒或怀疑有污染的空气呼吸器应在指定位置标记，防止无关人员接触，并保证与清洁的空气呼吸器分开存放。

④气瓶检验、充装时，应及时补充备用气瓶。

⑤空气呼吸器的保管环境：

——应保存在温度为0～30℃的封闭干燥的保管柜中。注意防止潮湿，避免日光直射。有取暖设备时，距离取暖设备应大于1.5m；

——应放置在清洁通风的环境中；

——保管环境不应使空气呼吸器产生物理、化学破坏，不允许造成背板和面罩变形。

（4）修理

①修理部门应取得制造商的授权。修理人员应接受制造商的专门培训，方可从事空气呼吸器修理工作。

②修理部门应完成的工作程序：

——空气呼吸器的清洗、消毒；

——故障修理；

——修理后应按表2校验空气呼吸器技术指标。但校验不能代替定期技术检测；

——修理后应对修理日期、修理部门名称等信息进行标识。

（5）报废与处置

①空气呼吸器符合下面条件之一即应报废：

——达到产品说明书规定的使用年限；

——使用中频繁出现故障，经修理无法达到表2规定的技术指标；

——定期技术检测机构经检测认定应报废；

——因使用或存放环境过于恶劣等原因，使用单位认为应当提前报废。

②报废的空气呼吸器应标识并进行破坏处置。

③报废零部件弃置不应破坏环境或被重新使用。

## 5 检查与检测

（1）基本性能核查

①新购空气呼吸器投入使用前应按以下要求进行基本性能核查，并将核查记录存档备查：

——出厂合格证和使用说明书；

——目视检查：外表面无损伤，可能与佩戴者接触的零件表面应无锐边和毛刺；

——结构紧凑，应能通过作业环境的狭小通道；

——配件齐全；

——逐台进行呼吸试验，核查空气呼吸器能否正常工作。

②基本性能核查合格的空气呼吸器应进行核查日期、有效使用期标识。

（2）使用前的检查

①使用者在佩戴前按如下方法（紧急救援时重点检查以下第二～五项）检查：

——空气呼吸器外表有无损坏并核对标识是否在有效使用期内；

——打开气瓶阀，向空气呼吸器供气，待压力表稳定后检查气瓶压力；

——检查各连接部位是否漏气。关闭气瓶阀，观察压力表1min，指示值下降不允许超过2MPa；

——检查面罩与面部的密封性。戴上面罩堵住接口吸气并保持5s，无漏气现象；

——检查供气阀性能。将供气阀与面罩连接，试呼吸8～12次，呼吸顺畅；

——检查警报器。观察压力表值在5～6MPa时警报器鸣响。

②空气呼吸器不符合要求，使用者应立即报告空气呼吸器管理人员，并及时更换。

（3）日常检查

①空气呼吸器日常检查由使用单位管理人员组织进行，每月至少检查一次。使用单位可根据空气呼吸器的使用频度和使用环境适当增加检查次数。

②日常检查的主要内容：

使用前检查的各项目；

——各组件不应有严重变形；

——面罩密合框与佩戴者面部应贴合良好，无明显压痛感；

——面罩视窗应具备防雾功能，清晰度良好；

——所有组件不允许有老化、开裂、异常收缩、脱胶、脆化现象；

——气瓶外表面无变形、脱层、鼓包、暴露纤维等缺陷。气瓶阀输出端螺纹无损坏；

——试验供气阀自动正压装置可保证空气呼吸器面罩内正压供气；

——减压器输出压力调整装置设置的锁紧装置有效；

——检查导气管、供气阀、减压器、面罩、背板及气瓶的使用年限及定期技术检测标识；

——保管条件符合（4）中③的要求。

③发现不符合项应及时更换，或送检测、修理部门进一步检查处理。

④日常检查后应记录检查结果。

(4)定期技术检测

①使用单位应制定年度空气呼吸器定期技术检测计划并组织实施，在用空气呼吸器定期技术检测为每年一次。

②在用空气呼吸器定期技术检测机构由使用单位、制造商或第三方检测服务商按以下要求建立：

——定期技术检测机构应建立完善的质量管理体系和检测工作流程；

——有经过空气呼吸器检测技术培训的人员；

——有压力表校准资质及校准人员；

——定期技术检测设备：

——空气呼吸器检测仪不少于两台，其中一台宜采用便携式。检测仪器技术指标符合附录 C.4 要求；

——检测用气体充装设备一套；

——清洗设备一套。

③空气呼吸器定期技术检测的内容：

a. 审查原始资料：

——出厂合格证或质量证明文件；

——维修部门出具的空气呼吸器修理过程技术数据报告。

b. 定期技术检测外观检查项目见表 1。

**表 1 定期技术检测外观检查项目表**

| 序号 | 部件名称 | 检查项目与要求 |
|------|----------|----------------|
| 1 | 面罩 | 橡胶件不应有明显的永久变形<br>视窗清晰<br>带，绳，扣件等不允许有老化、龟裂、异常收缩、脱胶、脆化现象<br>佩戴后与面部轮廓紧密贴合，无明显压痛感<br>佩戴后可进行正常对话<br>固定系统能有效固定并能根据佩戴者的需要调节 |

续表

| 序号 | 部件名称 | 检查项目与要求 |
|------|----------|----------------|
| 2 | 背板 | 不允许有影响使用的变形<br>不允许有老化、开裂现象 |
| 3 | 着装带 | 可自由调节长度，扣紧后不允许滑脱<br>带类零件不允许有整股纤维断裂，塑料和金属扣件不允许变形和开裂<br>配件齐全 |
| 4 | 导气管和接头 | 无割痕。不允许有老化漏气现象<br>接头无变形，插拔、锁紧轻松 |
| 5 | 供气阀和减压器 | 不允许有变形和开裂现象<br>各功能按键活动有效 |
| 6 | 警报器 | 不得有松动和变形现象<br>电驱动警报器应符合 GB 3836.1 中 Ex ia IIC T4 级，用于矿山开采业时应符合 GB 3836.4 中 Ex ia I 级的规定 |
| 7 | 压力表 | 外壳橡胶护罩不允许有老化、龟裂。读数清晰可辨，表面不应有水雾<br>压力表配有电源时应符合 GB 3836.1 中 Ex ia IIC T4 级，用于矿山开采业时应符合 GB 3836.4 中 Ex ia I 级的规定<br>在暗淡或黑暗的环境下，应能读出压力指示值 |

c. 按使用空气呼吸器的基本要求，选取 GB/T16556 和 GA124 的相关测试项目进行定期技术检测，具体项目和技术指标见表2。

表2 定期技术检测项目和技术指标表

| 序号 | 项目名称 | | 技术指标 |
|------|----------|------|----------|
| 1 | 整机气密性 | | 压力表1min内的下降不大于2MPa |
| 2 | 静态压力 | | (0~500)Pa并小于呼气阀开启压力 |
| 3 | 警报器性能 | 报警压力 | (5.5±0.5)MPa |
| | | 报警声强 | 不小于90Db(A) |
| | | 平均耗气量 | 不大于5L/min |

续表

| 序号 | 项目名称 | | 技术指标 |
|---|---|---|---|
| 4 | 呼吸阻力 | 气瓶额定压力至2MPa<br>呼吸频率40次每分钟<br>呼吸流量100L/min | 吸气阻力不大于500Pa，呼气阻力不大于1000Pa |
| | | 气瓶压力2MPa至1MPa<br>呼吸频率25次每分钟<br>呼吸流量50L/min | 吸气阻力不大于500Pa，呼气阻力不大于700Pa |
| 5 | 压力表校准 | | 精确度等级不低于2.5级 |

④试验方法见附录C。

（5）气瓶检验与充装

①空气呼吸器气瓶应按规定送有资质的气瓶定期检验机构进行定期检验。

②气瓶压力不足应立即送交气体充装站充装压缩空气。

③气体充装时应采用大气直接压缩充装，不允许用氮、氧气体混合充装。

④气体充装后应静止一段时间，待冷却至室温时，气瓶内部压力不应低于额定压力的90%。

⑤空气呼吸器气瓶检验与充装要求参见附录B。

# 附录 A

（资料性附录）

空气呼吸器清洗方法

A.1 登记与标识

A.1.1 空气呼吸器的面罩及其他零部件每次使用后应清洗和消毒。

A.1.2 空气呼吸器零部件清洗之前宜逐台登记。

A.1.3 空气呼吸器零部件清洗之前应按表1进行外观检查。

A.1.4　将空气呼吸器减压器组件、着装带组件从背板上分解开，将各部件标识，以防混乱。

A.2　清洗方法

A.2.1　着装带组件的清洗。

A.2.1.1　将污损的织带部件放入洗衣机的清洗液中洗涤40min；常温清水漂洗2次，每次2min；

A.2.1.2　烘干(或晾干)织带部件，烘干温度不大于50℃，时间30min。

A.2.2　背板、面罩的清洗。

A.2.2.1　面罩清洗前拆下呼气阀片、吸气阀片、口鼻罩，通话膜片，做好标识单独清洗；

A.2.2.2　清洗时注意标识不允许损坏，否则应事先移植标识；

A.2.2.3　分离的背板、面罩等部件放入清洗液浸泡30min；

A.2.2.4　将浸泡后的背板、面罩部件用软毛刷轻轻刷洗。常温清水冲洗2次，用毛刷将清洗液清洗干净；

A.2.2.5　背板部件应晾干，或用压缩空气吹干。不允许烘干、曝晒。

A.2.3　需要消毒的零部件按A.3处理。

A.3　消毒方法

A.3.1　应选用制造商推荐的消毒液及配制方法。

A.3.2　消毒时应满足消毒液说明书规定的时间。

A.3.3　消毒后用清水冲洗消毒液。

A.3.4　干燥后将面罩零件重新按原标识装配。

A.4　更换损坏部件及检测

A.4.1　按制造商说明书的规定更换破损的密封件和设计寿命到期零部件。

A.4.2　清洗过程中拆卸的零部件，重新装配可能造成空气呼吸器技术指标改变时，应进行相应的检测，但不少于以下项目：

——整机气密性；

——呼吸阻力。

A.4.3 对清洗合格的空气呼吸器进行必要的防尘包装。

A.4.4 清洗、消毒液排放应符合环保要求，若含有毒成分必须送污水处理单位集中处理。

# 附录 B

## （资料性附录）

### 空气呼吸器气瓶检验与充装

B.1 基本要求

B.1.1 气瓶定期检验机构必须具有国家质量监督检验检疫总局颁发的 PD5（复合气瓶）或 PD1（钢质无缝气瓶）检验资质。

B.1.2 气瓶检验按 GB 24161 和 GB 13004 进行。

B.1.3 气瓶的定期检验周期为 3 年。

B.1.4 检验机构应出具书面定期检验证书，并在气瓶外表面中上部粘贴检验标识。标识应包括下次检验日期、额定工作压力、检验机构名称等信息。

B.1.5 气体充装站应符合 GB 17264 规定的条件，并在当地省级质量技术监督行政部门注册登记。

B.1.6 气体充装人员必须经过专门培训，取得充装气体类特种设备作业人员操作证。

B.1.7 气体充装应按 GB 14194 进行。

B.2 检查与登记

B.2.1 待充装气瓶应登记检查合格后充装。

B.2.2 登记内容：

——使用单位；

——检验日期；

——气瓶编号；

——气瓶水容积；

——公称工作压力；

——制造日期。

B.2.3 下列气瓶经检查后不予充装：

——未取得国家特种设备安全监督管理部门制造许可的；

——制造标识和检验标识模糊不清，关键项目不全又无据可查的；

——超过设计使用年限的；

——按 GB 24161 和 GB 13004 规定，超过定期检验期限而未检的。

B.2.4 按 GB 24161 逐只对复合气瓶进行外观检查，发现有二级和二级以上的损伤，应送气瓶定期检验机构进行技术检验与评定。

B.2.5 按 GB 13004 逐只对钢质气瓶进行外观检查，外表面有凹陷、凹坑、鼓包等缺陷，应送气瓶定期检验机构进行技术检验与评定。

B.2.6 气瓶阀

B.2.6.1 应检查气瓶阀螺纹的完整性，有缺口、裂纹、螺纹不完整或断裂的，应更换气瓶阀。

B.2.6.2 应对气瓶阀阀体进行外观检验，有异常扭曲变形，应更换气瓶阀。

B.2.6.3 气瓶阀如有泄漏，应更换气瓶阀。如需要更换密封件等易损部件，必须得到气瓶阀制造厂的书面授权且在其指导下进行。

B.3 气瓶充装

B.3.1 气瓶应放入防爆充气箱内充装。防爆充气箱压力表的表面直径应大于 150mm。

B.3.2 充气系统应有充装压力指示表，精度应不小于 1.5 级。

B.3.3 严禁在管路带压的情况下强行拆卸充装接头。

B.3.4 充装空气温度 >60℃ 时应停止充装，待冷却后继续充装。充装后的气瓶应冷却至室温，如压力低于额定压力的90% 应再次充装至额定工作压力。

B.4 空气压缩机

B.4.1 空气压缩机的输出空气压力应大于充装压力的1.1 倍。

B.4.2 空气压缩机应有可调安全阀及输出压力指示器。

B.4.3 空气压缩机应具有过流、过压、过热等保护装置。

B.4.4 空气压缩机应具有空气进口和出口双重过滤装置。

B.5 储气装置

B.5.1 为防止充装气体温度过高和空气压缩机频繁起动影响使用寿命，提高充装效率，宜设立储气装置。

B.5.2 储气装置所用气瓶应符合 GB 5099 的规定。

B.5.3 储气装置应配备安全装置。

B.5.4 储气装置的使用和管理必须符合《压力容器安全技术监察规程》和《压力容器使用登记管理规则》的规定。

B.6 空气质量要求

B.6.1 充装站应配备空气质量分析设备。

B.6.2 充装的空气应进行质量分析，符合 EN 12021 标准。指标如下：

——氧气 20% ~22%；

——一氧化碳 <15mL/m³；

——二氧化碳 <500mL/m³；

——油分 <0.5mg/m³；

——水含量：压力 4 ~ 20MPa 时 < 50mg/m³；压力大于20MPa 时 <35mg/m³。

B.6.3 空气质量分析检测间隔时间以空气压缩机累计工作时间计算。最长间隔时间应小于空气压缩机要求的滤芯更换累计工作时间。压缩空气采集环境的空气质量差时应缩短检测间隔时间。

B.6.4 空气质量分析检测不合格，应立即停止充装，更换相关过滤装置，吹洗管路，至检测合格后方可继续充装。

B.7 充装完成登记

B.7.1 充装单位应由专人负责填写充装完成登记表，记录内容至少包括：充装日期、瓶号、室温(或储气装置内气体实测温度)、充装压力、充装起止时间、有无发现异常情况等。审核后签字。

B.7.2 充装单位应妥善保管气瓶充装记录，保存时间应不少于半年。

# 附录 C

## （规范性附录）

### 空气呼吸器定期技术检测试验方法

C.1 空气呼吸器定期技术检测

在用的空气呼吸器投入使用满一年后，每年定期应送到符合5.4.2要求的定期技术检测机构检测，获得定期技术检测证书和标识方可继续使用。

C.2 登记

C.2.1 检测机构应对送来的空气呼吸器逐台登记，内容包括：

——送检单位；

——空气呼吸器生产厂商、型号、生产日期；

——上次送检日期和检测机构，本次送检日期；

——使用中曾出现的问题和进入过何种有害环境等信息。

C.2.2 对上次送检至本次送检大于13个月的，记录原因，无正当理由延期送检的应予告知。

C.3 清洗

对空气呼吸器目测检查，发现未清洗送检的应先进行清洗。

C.4 设备

C.4.1 用于定期技术检测的所有检测设备、量具，必须采用法定计量单位，且计量合格并在计量有效期内。

C.4.2 空气呼吸器检测仪由试验头模、人工肺、高压总管、计算机及控制软件组成。检测过程及数据读取应由计算机程序控制并通过传感器采集，以防止人为操作或读数引起的误差。

C.4.3 空气呼吸器检测仪主要技术参数见表 C.1

**表 C.1 空气呼吸器检测仪主要技术参数**

| 项目名称 | 技术参数 | 精度 |
|---|---|---|
| 高压测量 | 量程：0~35MPa | ≤±1% |
| 微压测量 | 量程：-1500~1500Pa | ≤±1% |
| 人工肺 | 呼吸次数（10~60）次每分钟，连续可调 | ≤±1 次每分钟 |
| | 呼吸气量（0~150）L/min，连续可调 | ≤±5% |

C.5 气源装置

C.5.1 充满清洁压缩空气的专用气瓶或储气装置。

C.5.2 气源装置内空气压力应为 28~30MPa。

C.6 检测方法

C.6.1 整机气密性能检测

C.6.1.1 进入空气呼吸器检测仪整机气密性能测试程序；

C.6.1.2 当气源压力不小于公称工作压力的 90% 时，将面罩气密地佩戴在头模上，开启供气阀；

C.6.1.3 开启气源阀，待系统气路充满压缩空气后再关闭气源阀；

C.6.1.4 观察空气呼吸器的压力表在气瓶阀关闭后 1min 内的压力下降值；

C.6.1.5 检测结果应符合表 2 的要求。

C.6.2 静态压力检测

C.6.2.1 进入空气呼吸器检测仪静态压力测试程序；

C.6.2.2 将面罩气密地佩戴在空气呼吸器检测仪的头模上；

C.6.2.3 在供气阀处于关闭状态下完全打开气源阀;

C.6.2.4 启动人工肺做 3~5 次缓慢的呼吸后关闭人工肺;

C.6.2.5 当系统气路平衡时,计算机记录面罩内的压力值;

C.6.2.6 检测结果应符合表 2 的要求。

C.6.3 警报器性能检测

C.6.3.1 进入空气呼吸器检测仪警报器性能测试程序;

C.6.3.2 在气源额定工作压力至 2MPa 的范围内,设定呼吸频率 40 次每分钟,呼吸流量 100L/min;

C.6.3.3 在 2~1MPa 的范围内,设定呼吸频率 25 次每分钟,呼吸流量 50L/min;

C.6.3.4 当警报器起鸣后,计算机自动记录警报器起鸣时气源的报警压力,应符合表 2 的要求;

C.6.3.5 将与计算机声卡相连的话筒放在距警报器 1m 处(中间无遮挡),保持测试环境安静,测量发声声强,应符合表 2 的要求;

C.6.3.6 测试警报器启鸣点和压力为 4MPa、3MPa、2MPa、1MPa 五点平均耗气量,应符合表 2 的要求;

C.6.3.7 高压总管压力小于 1MPa 时,测试结束。

C.6.4 呼吸阻力检测

C.6.4.1 进入空气呼吸器检测仪呼吸阻力测试程序。将面罩气密地佩戴在头模上,设定人工肺呼吸频率为 40 次每分钟,呼吸流量为 100L/min。完全开启气源阀,启动人工肺。测量气瓶额定工作压力至 2MPa 范围面罩内呼吸阻力值。计算机自动描绘面罩内阻力变化曲线,得出呼吸阻力的最大值和最小值。

C.6.4.2 进入空气呼吸器检测仪呼吸阻力测试程序。将面罩气密地佩戴在头模上,设定人工肺呼吸频率 25 次每分钟,呼吸流量 50L/min。完全开启气源阀,启动人工肺。测量气源压力为 2~1MPa 范围面罩内的呼吸阻力值,计算机自动描绘面罩内的阻力变化曲线,得出呼吸阻力的最大值和最小值。

C.6.4.3 模拟气源压力从气瓶额定工作压力至 1MPa 变化

的呼吸阻力测试。检测中使用的空气来自高压总管。与气源相比，高压总管含有较少的空气。在几个呼吸循环内，压力变化范围就能从当前的气源压力降低到 1MPa，可在短时间内检测空气呼吸器的呼吸阻力。

C.6.4.3.1　打开气源阀向高压总管充气，然后关闭气源阀；

C.6.4.3.2　进入空气呼吸器检测仪呼吸阻力测试程序。将面罩气密地佩戴在头模上，设定人工肺呼吸频率为 40 次每分钟，呼吸流量为 100L/min。启动人工肺。测量气瓶额定工作压力至 2MPa 范围面罩内呼吸阻力值。当压力降至 2MPa 时，计算机自动设定人工肺呼吸频率为 25 次每分钟，呼吸流量为 50L/min。连续测量 2~1MPa 范围面罩内呼吸阻力值。

C.6.4.3.3　通过与高压总管相连接的高压测量传感器，计算机自动生成所有呼吸循环阶段面罩内压力随高压总管压力从高到低变化的曲线。得出整个过程呼吸阻力的最大值和最小值。

C.6.4.4　面罩内的呼吸阻力变化曲线应均匀顺滑，每个波形基本一致。

C.6.4.5　呼吸阻力的最大值和最小值应符合表 2 的要求。

C.6.5　压力表校准

C.6.5.1　进入空气呼吸器检测仪呼吸阻力校准程序。

C.6.5.2　设立 30MPa，25MPa，20MPa，15MPa，10MPa，5MPa，6 个校准点。

C.6.5.3　打开气源阀对高压总管充气，然后关闭气源阀。

C.6.5.4　通过放气依次达到 6 个校准点，计算机比对高压测量传感器计算示值误差，其结果应符合表 2 的要求。

C.6.5.5　放气结束，压力表指针应归零。

C.7　合格判定

检测项目全部符合表 2 要求为合格。

C.8　检测后的工作

C.8.1　出具定期技术检测报告。

C.8.2　检测合格的空气呼吸器逐台做好定期技术检测标识。

C.8.2.1　定期技术检测标识内容：

——检测单位；

——产品编号；

——检测日期；

——下次检测日期。

C.8.2.2　检测标识的位置应在背板靠近制造商标牌的一端。

C.8.3　登记表和所有项目结论应用书面或电子文件的形式保存。

# 附3 JJG 695—2003硫化氢气体检测仪

## 硫化氢气体检测仪检定规程

### 1 范围

本规程适用于 $H_2S$ 气体检测仪的首次检定、后续检定和使用中检验。

### 2 概述

$H_2S$ 气体检测仪(以下简称仪器)主要有电化学传感器或光学传感器以及电子部件和显示部分组成,由传感器将环境中 $H_2S$ 气体转换成电信号,并以浓度(摩尔分数)显示出来。

仪器分为扩散式和泵吸式。

### 3 计量性能要求

#### 3.1 示值误差

仪器的示值误差如表1所示。

表1

| $H_2S$ 气体检测仪 | 量程 | 示值误差限 |
|---|---|---|
| | 摩尔分数 $X(H_2S)$: $\leqslant 100 \times 10^{-6}$ | $\pm 5 \times 10^{-6}$ |
| | 摩尔分数 $X(H_2S)$: $> 100 \times 10^{-6}$ | $\pm 5\% \text{ FS}$ |

## 3.2 重复性

相对标准偏差应不大于2%。

## 3.3 响应时间

扩散式仪器不大于60s;泵吸式仪器不大于30s。

## 3.4 漂移

### 3.4.1 零点漂移

3.4.1.1 连续性仪器连续运行6h,零点漂移应不超过示值误差限。

3.4.1.2 非连续性仪器连续运行1h,零点漂移应不超过示值误差限。

### 3.4.2 示值漂移

3.4.2.1 连续性仪器连续运行6h,示值漂移应不超过示值误差限。

3.4.2.2 非连续性仪器连续运行1h,示值漂移应不超过示值误差限。

## 3.5 报警设置误差

报警设置误差不大于报警设置点的±20%。

## 4 通用技术要求

### 4.1 外观

4.1.1 仪器应标明制造单位名称、仪器型号和编号、制造年月、(MC)标志,附件应齐全,并附有制造厂的使用说明书,产品合格证。

4.1.2 仪器和各调节器部分应能正常调节,各紧固件应无松动。

4.1.3 新出厂的仪器的涂层不应有明显的颜色不匀和剥落,应无毛刺和粗糙不平,各部件接合处应平整。

4.1.4 仪器的显示应清晰完整。

4.1.5 对于扩散式仪器，应附带有仪器专用的检定用标定罩。

4.1.6 仪器报警功能的检查，仪器开机后，观察仪器有无报警声和报警灯是否闪烁，以及检查仪器的报警设定点。

## 4.2 绝缘电阻

对于使用220V交流电的仪器，电源的相线对地的绝缘电阻不小于40MΩ。

## 4.3 绝缘强度

对于使用220V交流电的仪器，电源的相联线对地的绝缘强度，应能承受交流电压1500V、50Hz，历时1min的试验，无击穿和飞弧现象的产生。

## 5 计量器具控制

仪器的控制包括首次检定，后续检定和使用中检验。

### 5.1 检定条件

### 5.1.1 检定环境条件

5.1.1.1 环境温度：0～40℃（波动5≤℃）

5.1.1.2 相对湿度：≤85%

### 5.1.2 检定用设备

5.1.2.1 气体标准物质

采用浓度为满量程的20%，50%，80%以及报警设定点1.5倍的$H_2S$标准气体，其不确定度应不大于2%（$k=3$）。

5.1.2.2 零点校准气

高纯氮气或干净空气。

5.1.2.3 流量计

0～1L/min，准确度级别不低于4级。

5.1.2.4 秒表，准确度为0.1s。

5.1.2.5 绝缘电阻表，500V，10级

5.1.2.6 绝缘强度测试仪（大于1.5kV）

## 5.2　检定项目

检定项目如表2所示。

## 5.3　检定方法

### 5.3.1　外观

用目测和手触法按4.1要求进行。

### 5.3.2　绝缘电阻

仪器不连接供电电源，但接通仪器电源开关。将绝缘电阻表的一个接线接到电源插头的相线上，另一接线端接到仪器的接地端上，用绝缘电阻表测量仪器的绝缘电阻。

**表2　检定项目一览表**

| 检定项目 | 首次检定 | 后续检定 | 使用中检验 |
|---|---|---|---|
| 外观 | + | + | + |
| 示值误差限 | + | + | + |
| 响应时间 | + | + | + |
| 重复性 | + | + | - |
| 报警设置误差 | + | + | - |
| 漂移 | + | - | - |
| 绝缘电阻 | + | - | - |
| 绝缘强度 | + | - | - |

注1："+"为需检项目；"-"为可不检项目。

注2：经安装及维修后对仪器计量性能有重大影响，其后续检定按首次检定进行。

### 5.3.3　绝缘强度

仪器不连接供电电源，试验前打开电源开关，把高压试验仪的两根接线分别接在仪器电源插头的相线及接地端（或机壳上）。试验时电压应平稳上升到规定值1500V，保持1min，电流为5mA，然后将电压平稳地下降到0V，在整个试验过程中仪器不应出现击穿和飞弧现象。

### 5.3.4　示值误差

仪器经预热稳定后用零点气和浓度为测量范围上限值80%左右的标准气体，校准仪器的零点和示值后，在测量范围内依次通入浓度分别为量程上限值的20%，50%左右的标准气体(如果仪器有二个量程，应在低量程范围内通入至少一种标准气体)，并记录通入后的实际读数。重复上述步骤3次，按式(1)或(2)计算仪器各检定点的示值误差：

$$\Delta_e = \frac{\bar{A} - A_s}{R} \times 100\% \tag{1}$$

$$\Delta_e = \bar{A} - A_s \tag{2}$$

式中　$\bar{A}$——读数的平均值；

$\quad\quad A_s$——标准值；

$\quad\quad R$——量程。

当仪器的量程 $> 100 \times 10^{-6}$ 时，用公式(1)计算，取绝对值最大的 $\Delta_e$ 作为仪器的示值误差。

当仪器的量程 $\leq 100 \times 10^{-6}$ 时，用公式(2)计算，取绝对值最大的 $\Delta_e$ 作为仪器的示值误差。

### 5.3.5　重复性

仪器经预热稳定后用零点校准气校准仪器零点后，再通入浓度为量程50%左右的标准气，待读数稳定后，记录测量值。重复上述测量步骤6次，分别记录读数 $A_i$。重复性以相对标准偏差 $\Delta_c$ 表示。按式(3)计算仪器的重复性：

$$\Delta_c = \frac{1}{\bar{A}} \sqrt{\frac{\sum\limits_{i=1}^{n}(A_i - \bar{A})^2}{n-1}} \tag{3}$$

式中　$A_i$——仪器显示值；

$\quad\quad \bar{A}$——仪器显示值的平均值；

$\quad\quad n$——测量次数。

### 5.3.6　响应时间

仪器经预热稳定后，用零点校准气校准仪器零点后，通入浓度为量程50%左右的标准气，读取稳定数值后，撤去标准气，使仪器显示为零。再通入上述浓度的标准气，同时用秒表记录从通入标准气体瞬时起到仪器显示稳定值的90%时的时间，即为仪器的响应时间。重复上述步骤3次，取算术平均值为仪器的响应时间。

### 5.3.7　漂移

在规定的检定环境条件下，仪器经预热稳定后用零点气和浓度为量程80%左右的标准气体，校准仪器的零点和示值。通入零点标准气调节仪器零点电位器将仪器示值调到量程的10%（如果仪器的零点不可调节，则直接读取仪器的示值），待仪器稳定后，记录示值 $A_{zi}$，然后通入浓度为仪器量程50%左右的标准气，仪器稳定后，记录读数 $A_{si}$，撤去标准气，通入零点气体。仪器连续运行6h，每间隔1h重复上述步骤一次（非连续测量仪器连续运行1h，每间隔10min测定一次），同时记录读数 $A_{zi}$ 及 $A_{si}$，按式（4）或式（5）计算零点漂移：

$$\Delta_{zi} = \frac{A_{zi} - A_{z1}}{R} \times 100\% \qquad (4)$$

$$\Delta_{zi} = A_{zi} - A_{z1} \qquad (5)$$

当仪器的量程 $> 100 \times 10^{-6}$ 时，用公式（4）计算，取绝对值最大的 $\Delta_{zi}$ 作为仪器的零点漂移值。

当仪器的量程 $\leq 100 \times 10^{-6}$ 时，用公式（5）计算，取绝对值最大的 $\Delta_{zi}$ 作为仪器的零点漂移值。

按式（6）或式（7）计算示值漂移：

$$\Delta_{si} = \frac{A_{si} - A_{s1}}{R} \times 100\% \qquad (6)$$

$$\Delta_{si} = A_{si} - A_{s1} \qquad (7)$$

当仪器的量程 $> 100 \times 10^{-6}$ 时，用公式（6）计算，取绝对值最

大的 $\Delta_{si}$ 作为仪器的示值漂移值。

当仪器的量程 $\leqslant 100 \times 10^{-6}$ 时，用公式(7)计算，取绝对值最大的 $\Delta_{si}$ 作为仪器的示值漂移值。

5.3.8 报警误差测定

仪器经预热稳定后用零点气和浓度为测量范围上限值80%左右的标准气体，校准仪器的零点和示值。然后通人浓度约为报警设定点 $(A_s)$ 1.5 倍左右的标准气，记录仪器的实际报警浓度值 $(A_i)$，撤去标准气，通入零点气使仪器回零。重复上述步骤3 次，按式(8)计算仪器的报警设置误差：

$$\Delta_{A_i} = \frac{(A_i - A_s)}{R} \times 100\% \tag{8}$$

取绝对值最大的 $\Delta_{A_i}$，作为仪器的报警设置误差。

5.4 检定结果处理

按本规程要求检定合格的仪器，发给检定证书；检定不合格的仪器发给检定结果通知书，并注明不合格项目。

5.5 检定周期

仪器的检定周期一般不超过 1 年。如果对仪器的检测数据有怀疑或仪器更换了主要部件及修理后应及时送检。

# 附录 A

## 硫化氢气体检测仪检定记录格式

送检单位＿＿＿＿＿＿＿＿＿＿ 证书编号＿＿＿＿＿＿＿＿＿＿

仪器名称＿＿＿＿＿＿＿＿＿＿ 型号＿＿＿＿＿ 量程＿＿＿＿

制造厂商＿＿＿＿＿＿＿＿＿＿ 出厂编号＿＿＿＿＿＿＿＿＿＿

检定环境温度＿＿＿＿＿＿＿＿℃ 湿度＿＿＿＿＿％RH

1 外观＿＿＿＿＿＿＿＿＿＿＿＿＿＿＿＿＿＿＿＿＿＿＿

## 2 示值误差

| 标准气浓度值 | 示值1 | 示值2 | 示值3 | 平均值 | 示值误差 |
|---|---|---|---|---|---|
| | | | | | |
| | | | | | |
| | | | | | |
| | | | | | |

## 3 重复性

| 标准气浓度值 | 示值1 | 示值2 | 示值3 | 示值4 | 示值5 | 示值6 | 相对标准偏差/% |
|---|---|---|---|---|---|---|---|
| | | | | | | | |

## 4 响应时间

| 标准气体浓度值 | 响应时间/s | | | |
|---|---|---|---|---|
| | 1 | 2 | 3 | 平均值 |
| | | | | |

## 5 漂移

| 时间 | 0 | 1h/10min | 2h/20min | 3h/30min | 4h/40min | 5h/50min | 6h/60min |
|---|---|---|---|---|---|---|---|
| 零点 | | | | | | | |
| 示值 | | | | | | | |

零点漂移： 　　　　　　　　　　示值漂移：

## 6 报警误差

仪器设定报警点：

| 测量次数 | 1 | 2 | 3 | 最大值 |
|---|---|---|---|---|
| 报警浓度 | | | | |

报警设置误差：

## 7 绝缘电阻＿＿＿＿＿＿＿＿＿ MΩ

## 8 绝缘强度＿＿＿＿＿＿＿＿＿

## 9 检定结果＿＿＿＿＿＿＿＿＿

检定员＿＿＿＿＿＿；核验员＿＿＿＿＿＿

检定日期＿＿＿＿＿年＿＿＿月＿＿＿日

# 附录 B
## 检定证书(内页)格式

| 检定项目 | 技术要求 | 检定结果 |
|---|---|---|
| 仪器外观 | | |
| 示值误差 | | |
| 重复性 | | |
| 响应时间 | | |
| 报警误差 | | |

# 附录 C
## 检定结果通知书(内页)格式

| 检定项目 | 技术要求 | 检定结果 |
|---|---|---|
| 仪器外观 | | |
| 示值误差 | | |
| 重复性 | | |
| 响应时间 | | |
| 报警误差 | | |

检定不合格项目:_____

# 参考文献

[1]郑维田．石油工业安全标准汇编第十一部分：硫化氢防护[G]．2版．北京：石油工业出版社，2005.

[2]王志安．石油工业安全标准汇编第四部分：防火防爆[G]．2版．北京：石油工业出版社，2005.

[3]沈琛．普光高酸性气田采气工程技术与实践．北京：中国石化出版社，2013.

[4]陈明，赵向阳．硫化氢气体检测方法及安全防范措施．油气田环境保护，2011，01(015).

[5]侯磊．硫化氢气体的检测及其安全防护措施．中国高新技术企业，2009，19：26-28.

[6]魏学成．高压含硫气井安全钻井技术．西部探矿工程，2006，9：191-194.

[7]殷达．硫化氢气体的监测与防范．中小企业管理与科技(上旬刊)，2010，6：228.

[8]谢辉，方锡贤，熊玉芹．石油天然气钻探过程中硫化氢的监测．工业安全与环保，2005，31(6)：32-34.

[9]蒋毅，黄湛．防毒庇护所在高含硫气田中的应用．天然气工业，2009，29(6)：117-119.

[10]郭再富，邓云峰，王建光，江田汉，席学军等．陆上含硫气井安全规划方法探讨．中国安全生产科学技术，2009，10(5)：0134-0137.

[11]杨延美，林波，潘积鹏，周德才，强永和，张红艳．硫化氢防护培训教材．北京：中国石化出版社，2011.

［12］汪东红，李宗宝．硫化氢中毒及预防．北京：中国石化出版社，2008．

［13］胜利石油管理局钻井职工培训中心编写，石油作业防硫化氢技术．东营：中国石油大学出版社，2009．